"十二五"职业教育国家规划教材

经全国职业教育教材审定委员会审定

服装
设计基础

第四版

侯家华◎主编

薛 伟 王彩霞 王宇晓◎副主编

FUZHUANG

SHEJI JICHU

化学工业出版社

·北京·

内容简介

本书经专家评审立项为"十二五"职业教育国家规划教材，本次修订在保持原教材特色的基础上，在书中加入了丰富的微课和视频资源，更加方便教学，是一本新形态一体化教材。

本书以翔实的内容、简洁易懂的语言和鲜明的实例对服装设计的基本理论进行了分类阐述，主要介绍了服装设计学的相关概念、服装设计的美学原理、服装设计的方法、服装的造型设计、服装的局部设计、服装的面料与色彩、服装设计的分类、现代服装的设计程序和服装的流行等内容。为方便教学，每章均设有"学习目标"和"思考与练习"，同时在相关内容后设立了"知识窗"，有利于学生拓宽知识面。

本书为高职高专服装设计专业教材，也可供从事服装设计与加工的有关人员学习参考。

图书在版编目（CIP）数据

服装设计基础/侯家华主编. —4版. —北京：
化学工业出版社，2020.11（2024.11重印）
"十二五"职业教育国家规划教材
ISBN 978-7-122-37732-6

I.①服… Ⅱ.①侯… Ⅲ.①服装设计-职业教育-
教材 Ⅳ.①TS941.2

中国版本图书馆CIP数据核字（2020）第173140号

责任编辑：蔡洪伟　陈有华
责任校对：李雨晴　　　　　　　　　　　装帧设计：史利平

出版发行：化学工业出版社（北京市东城区青年湖南街13号　邮政编码100011）
印　　装：北京缤索印刷有限公司
787mm×1092mm　1/16　印张13　字数313千字　2024年11月北京第4版第6次印刷

购书咨询：010-64518888　　　　　　　　售后服务：010-64518899
网　　址：http://www.cip.com.cn
凡购买本书，如有缺损质量问题，本社销售中心负责调换。

定　　价：55.00元

在现代社会中，一方面设计师们根据各种需求设计了不同的服装，另一方面各种服装也"设计"着人们多种多样的生活。服装业作为一项永恒的朝阳产业，不断地"与时俱进"，快速发展。目前，我国正处于由服装生产大国向品牌服装强国转型迈进的关键期，对我国服装行业的总体发展水平和设计研发能力提出了更高、更新的要求，服装职业教育特别是服装高等职业教育担负的任务更为艰巨。近年来，在教学过程中我们不断地强化教学致用原则，不断地总结积累经验，对教材不断地修订和完善，只期能更好地满足服装人才培养的实际教学需要。

本次修订仍然遵循"实用和最新"的原则。作为一种显性文化，无论是服装的发展变迁，还是服装的教育教学工作，都有着鲜明的时代特征。因此，在教材的编写修订中，我们特别注意相关知识的时效性，包括相关的流行资讯、最新的科技手段、引人关注的时尚品牌、案例的引用等。对于图片的使用，坚持文图并重、文图相符，注重图片质量和注意更换使用较新的图片。全书力求做到通俗易懂，丰富而直观，以方便教学。

本次修订保持了原版教材的基本内容、结构和风格，内容翔实，语言简洁，实例鲜明，对服装的基础理论知识和基本原理方法进行了较为系统的阐述。从服装的概念、美学原理和基本构成元素的运用、创意构思，到服装的造型设计、色彩设计、面料设计、分类设计，再到现代服装设计程序等，逐阶递进，使教学过程由浅入深，边理论边实践，不断激发学生的学习兴趣，培养学生的创意思维能力，指导学生进行实践操作，提升学生完成设计的整体能力。

时代发展带来了教育教学方法的不断提升和创新，微课、慕课、翻转课堂——网络时代滋生的各种信息化教学方法、教学手段常为青年人所喜闻乐见，更是有效提升教学效率的重要手段。鉴于此，本教材在此次修订中，加入了二维码链接的微课、视频学习资源，同学们可以利用手机直接扫码学习。

本教材由侯家华主编，薛伟、王彩霞、王宇晓担任副主编。各章撰写人分别为：第一章至第三章，侯家华；第四章、第五章，王彩霞；第六章、第七章，王宇晓；第八章、第九章，薛伟。本次修订由薛伟执笔，王彩霞、王宇晓协助，于政婷、叶峰、武忍负责文献资料收集和部分内容的编写，侯家华统稿。山东服装职业学院郑军教授和山东岱银集团高级技师陈文忠在本次修订中担任主审，特别表示感谢！

多年来，在本书的编写、出版和历次修订过程中，化学工业出版社和有关院校的领导、老师们给予了大力支持和帮助，在此谨表示崇高的敬意和衷心的感谢。本教材参阅引用了部分国内外相关文献和图片，在此表示我们最诚挚的谢意。

由于编者水平有限，此次修订不妥和不足之处仍在所难免，恳请各位专家和广大读者朋友提出宝贵意见，以便我们进一步改进。

编者

2020 年 11 月

目 录

第四章　服装的造型设计　　　　　　61

二维码资源目录

序号	资源标题	资源类型	资源编码	页码
22	礼服裙的结构与造型3	视频	22	142
23	礼服设计学生实训1	视频	23	142
24	礼服设计学生实训2	视频	24	142
25	礼服设计学生实训3	视频	25	142
26	服装品牌定位	视频	26	173
27	品牌服装产品企划	视频	27	173

第一章
概　述

学习目标

1. 了解服装设计学的相关概念。

2. 了解服装设计的历史、发展与现状。

3. 了解服装设计师应具备的知识结构。

　　"衣食住行"是人们对生活中最为关心的问题的总结。"衣"被放在了第一位，说明了服装与人类生活的紧密程度。服装的重要性在于它不仅仅是人类满足生存需要的一种产物，更强调了人作为社会的成员对精神与物质的更高层次的追求，是人类文明程度的一种体现。

　　在社会文明不断进步的今天，人们对服装产生了更高的要求。基于这种需求，服装设计作为一门实用艺术也得到了不断的发展。

第一节 ● 服装设计学的相关概念

一、基本概念

1. 基本概念

1. 服装

　　服装的概念有广义和狭义之分。从广义上理解，服装是指衣服、鞋帽、饰品等的总称，它除了包括上衣、下衣之外，还涵盖了首饰、包袋、帽子、领带、手套、腰带、袜子等物品。可以把它理解为人类装扮自己的一种行为载体，是人们着装后所形成的整体状态。从狭义上理解，服装是指人们日常穿着的上衣和下衣的总称，也就是人们在日常生活中所说的"衣服"（见图1-1）。

图1-1 现代服装

2. 成衣

成衣是按照一定规格和标准号型批量生产的衣服。作为工业化生产的产物，区别于定制服装及个人制作的服装。如今，大部分人都会去专卖店或商场选购适合自己体型的服装，这类服装便属于成衣的范畴。现代成衣作为工业产品，应符合以下原则与标准：①生产机械化、批量化；②产品规模化、系列化；③质量标准化；④包装统一化。除此之外，成衣一般还附有品牌标志、洗涤标志等说明。

与成衣相近的名词还有时装、衣裳等。

3. 高级成衣

高级成衣是介于高级定制与普通成衣之间的一类服装产品。它在一定程度上保留并继承了高级定制精致的工艺与技术。在当下高级定制业绩不断下滑，处境岌岌可危之时，高级成衣却受到了消费者的青睐，蓬勃发展起来。

近年来，由于我国经济的发展和人们生活方式的转变，人们对于高级成衣的需求也在不断上升。与普通成衣相比，高级成衣讲究设计品味，在用料及工艺等方面都更加精致、考究，其生产批量也较少。

4. 服装设计

设计的含义是指在某种目的指导下，利用各种手段创造出新形式、新内容等的具体的行为过程。

就服装设计而言，它是运用一定的美学规律，利用相关的素材与手段，将自己的设计构思通过一定的表达方式展示出来的过程。服装设计具有区别于其他设计领域的特点，其中突出的一点便是：它是直接以人为设计对象，以面料为主体，根据人体的差异与个性，配合色彩、造型、工艺等要素，综合完成的一种设计形式。

二、服装设计的三要素

服装设计的三要素通常指色彩、面料、造型，这三个要素缺一不可。

1. 色彩

在人的视觉感受中，色彩具有首选性。色彩作为服装设计的要素之一，是决定视觉审美的重要因素。在服装设计中，色彩运用得成功与否，直接决定了设计作品的成败，由此可以看出，色彩的合理配置对于服装美的作用是不可小视的。由于着装对象具有个体差异性，对色彩的具体要求也各有不同。虽然服装色彩中的配置关系较为复杂，但也是有规律可循的，只要掌握了色彩构成的基本常识，经常练习，就能够熟练运用，取得较好的效果（见图1-2）。服装设计师还应及时关注色彩流行趋势，从中作出准确的判断与分析，并应用于设计实践中去。

2. 服装设计的三要素及设计原则

▲ 图1-2 注重色彩的设计（Kenzo高田贤三作品）

2. 面料

面料是服装设计中重要的物质主体，是实现设计构思最主要的载体。面料的材质、光泽、肌理、色彩等都左右着服装造型的美感。面料的合理选择也直接影响到设计构思实现的最终效果。设计目的不同，所选择面料的形态、性能和用法也各有不同。要想取得理想的设计效果，就必须充分发挥面料的性能和特色。如晚礼服的设计，因为穿着的场合要求具备高雅、华贵的特点，所以通常会选择光泽性、悬垂感较好的丝绸一类的面料。在一些创意性服装设计中，设计师则会通过对面料的创意改造来实现自己独特的想法（见图1-3）。

图1-3　创意面料设计的服装

3. 造型

有人说，服装设计是运用面料在人体上进行的软雕塑艺术。这种说法形象地说明了服装设计的最终展示形式为三维立体的形式。人体的结构特征有着个体差异性，因此对于人体外形、结构及运动规律等相关内容的了解和掌握就成为造型设计师所必备的基础知识。

服装的造型分为内部造型和外部造型。其中，外部造型指的是服装的外轮廓剪影，是设计的主体；内部造型指的是服装内部的款式，包括省道线、结构线、领型、袋型等的设计。内部造型设计要符合外部造型设计的风格特征，两者要相辅相成，协调一致（见图1-4）。

三、服装设计的原则

在进行服装设计时，通常要考虑国际上通行的"TPO"原则，即time、place、occasion。

（1）T（time）指时间，泛指时代、季节、早晚等。特定的时代对于服装起到了一定的促进或约束作用。日常着装时，一年中要考虑到四季的更替。一般来说，春、夏、秋、冬四个季节，每个季节的服装的面料、色彩等各有不同。而一天里有早、中、晚之分，随之区分的便有家居服、上班服、晚礼服等。每个时间段，人们都会有与其相对应的款式进行更换。

（2）P（place）代表地方、场所、位置、职位，在这里主要指场合。在国际化大环境

▲ 图1-4 服装的造型设计

之下，世界范围内形成了较为统一的着装礼仪，随着人们社交圈的扩大，其交际场所也呈现出多样化的趋势，那么在不同环境和场合，应该着何种服装使自己更加得体便显得尤为重要。

（3）O（occasion）在这里多指设计的对象或目的。服装设计的对象是人，对于设计对象的了解认知是很重要的，设计师应该根据服务对象的不同，对其相关信息进行分析、整理、总结，并作出准确的定位。在设计实践中，设计对象的信息包括人体数据信息、性别及年龄层次、兴趣爱好、艺术品位及经济能力等诸多方面，因此，设计应该建立在严谨、科学的基础上，才能够确定方案。

人们在日常着装时的目的更呈现出多样化、复杂化的特点。作为设计师来说，应充分考虑到消费者的目的，以指导自己的设计思路。

第二节 ● 服装设计的特性及发展状况

一 服装设计的特性

服装设计是一门涵盖面较广的综合实用艺术，涉及心理学、材料学、美学、宗教学、工艺学、市场学等多门学科。它既具有实用艺术的共性，又具有其自身的特性。在具体的学习研究过程中，应将这些特点用于自己的设计实践中去。

首先，服装设计的主体是人，它是依靠人体的穿着来完成的一种设计，其设计的造型元素均需围绕人体的结构特征来完成。因此它在满足人的生理及审美需要的同时，也受到人体结构的制约。设计师在完成设计作品时，最终的效果体现是通过着装者来共同完成的。好的作品可以更好地展示穿着者的体型美、气质美；反之，适合的穿着者又可以恰到好处地提升作品的美感。因此，服装的美感是通过设计师与穿着者的统一与协调来完成的。

其次，服装作为一种物质产品，它与社会经济、文化、政治等紧密相连。在商品经济高速发展的今天，服装产业不断地为社会创造着惊人的经济利益。而在一定的政治背景的影响下，人们的着装心理和行为也会随之发生改变。服装在时代的变迁中呈现出多样化的面貌，不同程度地反映了当时的经济与政治气息。

再次，服装的发展也得益于千百年来人们对于审美的追求。服装的美在不同的地域、历史、文化背景下，其评判标准是不同的。千百年来，人们的审美观已经随着人类文明的进程发生了翻天覆地的变化，很多服装款式因为时代的要求不断萎缩甚至消亡了，而更多的款式因为人们的需求不断地创新、发展起来。

二、 服装设计具有综合性

服装设计的一个完整过程，可以简单地理解为创意—表现—服装这个基本过程。但事实上，在设计实践中，尤其是成衣生产中，其过程非常复杂。从构思开始，设计师就要对色彩、造型、面料等方面进行考察和选择，兼顾到服装流行趋势、消费者的审美情趣等。设计图一旦固定下来，设计师、工艺师以及营销人员还要对款式的细节、版型、工艺等进行研究，力求达到整体的和谐。等到样品制作完成，大货投产之时，版型的确认、工艺流程的合理配置等就成为现实问题。从中可以看出，服装的综合性更多地表现在服装实际生产过程中各部门、人员、工艺等环节有力的配合与统一，其中无论哪个环节薄弱都会影响到服装最终的整体美感。

从服装起源的各种学说中也可以看出，虽然人们处于不同的地域，有着不同的信仰和不同的文化背景，在审美观上可能有所不同，但其追求的理想是一致的。

另外，世界服饰历史中的各类史实已经证明，服装与各种文化、艺术已经紧密联系在一起。单从今天的社会生活中便能轻易发现，不断涌现出来的多元化的艺术形式、文化信息都会迅速带来服装流行上的变化发展，使得今日的服装流行呈现出多元化的特点。例如，随着欧美街头文化Hip-hop的盛行，使得亚洲的年轻人在着装上也争相模仿（见图1-5）。

三、 服装设计的发展

服装设计作为一门独立的学科，是从产业革命时期逐渐分离出来的。18世纪下半叶到19世纪初，从英国开始并席卷欧洲的产业革命，使服装的成衣化生产逐渐成为现实，服装产业得以在西方国家迅速发展起来。20世纪初，在设计界也开展了追求简洁、自然风格的新设计运动。其中影响较大的是来自德国的"包豪斯学派"，它提倡设计的实用性与社会性，提倡创造新式样。在这种设计风潮的影响下，服装设计学的理论研究和理论体系也日益完善，形成了现代服装设计的基本观点，并对当时的服装业发展起到了推动作用。

在此背景下，大量有才华的服装设计师不断涌现出来，受到上层社会的喜爱与追捧。20世纪中期，随着世界经济、政治以及科技的发展，价值观、生活方式、精神需求等方

▲　图1-5　源于街头文化的Hip-hop服饰

面不断革新，出现了各种有别于宫廷风格的新式服装。像20世纪60年代出现的"超短裙"、夏奈尔创造的解放妇女腰身的"夏奈尔套装"，都为当时的社会注入了新的活力与风气。到了20世纪90年代以后，世界范围内又出现了回归自然、推崇传统的艺术风格。

从历史的发展中可以看出，服装设计这一特殊的艺术形式不仅被打上了时代的烙印，更是展示社会发展的一面镜子，呈现出了深厚的文化底蕴。从事服装设计的人们只有把握住时代发展的脉搏，才能让自己的设计具备生命力、感染力。

第三节 ● 服装设计师应具备的能力

服装设计是一门综合性很强的学科，它的这种特性要求设计师具备扎实的专业功底，其中包括相关的专业理论知识、绘画表现力、服装造型能力、服装工艺技能等。它要求设计师在知识结构上要做到全面发展，不能忽略其中任何一个环节。

一、服装设计师应具备的知识结构

1. 人体知识

人体知识主要包括两个方面的认知：一是设计师对人体结构、人体比例及不同的人体特征所应有的明确而系统的认识；二是设计师对服装人体及其动态的表现能力和对服装款式的表现力，并且可以利用绘画或其他手段（如电脑绘图等）准确地表现出来。在具体的实践中，女人身体的曲线美、男人身体的强壮、童体的圆润等，都是应该掌握的内容。服装人体与普通人体既有相同之处又有区别之处。服装人体是在真实人体的基础上提炼、夸张、美化形成的，服装效果图绘画中常用的人体比例多为8~9头身的夸张人体（见图1-6）。在充分

▲ 图1-6 夸张的人体

了解人体知识的基础上，设计者还需准确地表现出服装的整体造型及袖、袋等细节设计。这种能力的具备，是服装设计的第一步。

2. 色彩知识

色彩是服装的构成要素之一，设计师只有熟悉服装色彩的基本特性和配置规律，才能使服装的视觉效果达到令人满意的程度。色彩知识体系包括色彩的基础知识、服装色彩的对比与调和、服装色彩的配色原理、色彩配置美学原理等内容。除此之外，设计师还应关注流行色的变化，时刻掌握时尚信息。

3. 服装材料

在服装的制作过程中，可利用的材料很多，有生活中常见的天然纤维（如棉、麻、毛、丝等）织物，也有化学纤维（如尼龙、涤纶等），另外还有皮革、塑料等。当前，随着纺织业的发展、新技术的不断开发，具备新功能的服装材料不断问世，给设计师的创作带来了丰富的素材。设计师对服装材料的特性应该有较为全面的了解和认识，这种了解和认识来源于设计师在实践过程中经验的不断积累。只有这样，才能保证在设计过程中灵活运用各种材质，从而更好地达到自己的设计目的。

4. 服装工艺

服装的最终形式是成衣，因此作为设计师不仅要有良好的艺术修养，还应懂得如何通过各种工艺手段实现设计的最终效果。服装工艺的流程包括量体、制图、缝制、熨烫等工序。很多刚开始接触服装设计的学生往往忽视这一环节的学习，认为这是一线工人应掌握的知识。事实上，我们熟悉的很多设计大师对服装工艺都很熟悉，像设计大师维奥内就有着高超的斜裁功底，加利亚诺对于裁剪也颇有造诣。正是对工艺环节的熟悉，才使得设计师对于服装的了解更加深入（见图1-7）。

5. 服装理论知识

服装设计是一门综合性很强的学科，这种性质决定了设计师必须系统地掌握服装的基础理论知识，其中包括中国服饰史、民族服饰史、外国服饰史、服装美学、服装材料学、服装色彩学、服饰图案、服装心理学、服装卫生学等，甚至还包括市场营销学、社会学、经济学等。这就要求设计师要不断学习和积累。凡是成功的设计师都具有深厚的艺术修养，因此他们的设计作品带给人们的不仅仅是表面上的形式美感，还有服装背后浓浓的文化魅力。

▲ 图1-7 高级定制细节显示了工艺的精湛与细致

二、自我学习能力和创新能力

　　对于服装设计专业的学习者来说，已有的知识结构很难完全满足其设计的实践需求。这就要求学习者要不断地汲取新知识，不断地进行创新设计，因此要求学习者必须具备自我学习能力和创新能力。自我学习能力包括举一反三、触类旁通两方面。它要求设计师具有很好的理解力，能够在日常的学习中不断发掘新的规律和新的途径，注意在学习中不断总结经验，广泛涉猎与学习，保证自我素质的不断提高。另外，创新能力的提高也是必不可少的。设计师应具备敏锐的观察力、丰富的想象力和饱满的激情，才能保持活跃的创造力。

　　在知识的更新速度日益加快的现代社会，自我学习能力和创新能力的具备是设计师素质能够不断提升的根本保证。

女服装模特的基本要求

服装展示的主体是模特，对于设计师来说，好的模特能够将服装的精髓演绎得尽善尽美。那么，理想的女服装模特应具备怎样的身体条件呢？

1. 身高

目前，国际时装模特参加表演的统一身高是 1.78 米（意大利有时要求 1.8 米），如果达不到预定的演出人数，身高可上下浮动 2～3 厘米。因此身高在 1.75～1.81 米之间的女孩都在标准之内。

2. 三围尺寸

三围尺寸指的是胸围、腰围、臀围。最理想的尺寸是胸围 90 厘米、腰围 60 厘米、臀围 90 厘米，但即使是在欧洲，也不是都能达到这个标准。针对我国人种特点，三围尺寸的标准一般为：胸围 84 厘米、腰围 61 厘米、臀围 90 厘米。有的模特较胖，但臀围不超过标准的 2 厘米也可以录用。

3. 相貌

时装模特的相貌标准不单纯是看漂亮不漂亮，主要是看有没有立体感或有没有个性特点。行家在挑选模特的时候不是单纯看长相，还要看其妆后产生的效果，同时根据言谈举止和相貌特征观察其个性是否能够胜任模特工作。在我国，相貌条件有优势的女孩机会要多一些。

除了服装模特之外，模特的分类还有平面模特和影视模特，在实际运作中还分特定人物模特、产品形象模特、试衣模特和礼仪模特等。

1. 了解服装设计的概念。查阅近代具有代表性的设计师资料，分析其风格与所处年代的关系。

2. 收集两款优秀设计师的作品，运用已学知识，分析其作品中使用了哪些成功的设计元素。

3. 分组讨论：要成为优秀的设计师，应怎样从自身做起，从现在做起？

第二章
服装设计的美学原理

学习目标

1. 掌握点、线、面的性质及构成规律。
2. 掌握服装形式美法则的基本内容，并能够用于指导设计实践。

作为一名服装设计师，不但要在创造服饰美的过程中不断熟悉各种造型要素的特性，总结各要素间的构成规律，还要从美学的角度加以判断分析。服装设计中的形式美法则既可以作为创作设计的方法，又可以理解为欣赏与批评设计作品的一个角度，还可以作为一种美的形态来对待。因此，学习服装设计，应掌握服装设计的构成要素、方法和设计的形式美法则。

第一节 ● 点、线、面的使用

从空间的存在关系上看，可以把服装理解成是一种软雕塑。它是由最基本的构成要素——点、线、面所构成的。点、线、面的设计与运用是服装设计师重要的表现语言。服装丰富的造型变化来源于点、线、面之间的有机组合。

一、点的使用

点是最基本的造型元素，在几何学中的概念被理解为没有长度、宽度或厚度，不占任何面积。位置是点的属性，两条直线的交点或线段的两端都可以看作是点。

从造型意义上来说，点是整体中的局部，是视觉的中心。点的形状不是固定的，它可以是规则的圆形、三角形、多边形，也可以是无规则的其他形状。点在造型中的作用是举足轻重的，这主要表现在它的形状、位置、数量、排列等方面。当点在构成中由于排列的数量、大小等因素发生改变时，便会产生不同组合的图形，给观者以不同的心理感受。

从点的数量来看，一个点可以吸引人的注意力，形成视觉中心；两个点可以形成视觉的稳定感；三个点可以增加其力度；多个点可以形成聚散关系，使视线集中或分散。从点的位置来看，点的位置配合大小、色彩的改变有着引导视线的作用。

点在服装造型中的运用常表现在如下几个方面。

1. "点" 形饰物的运用

服装中的"点"形饰物主要包括纽扣、耳环、胸花、项链、蝴蝶结、皮带扣等。"点"形饰物在服装中往往起到"画龙点睛"的作用。其运用一般表现在饰物的位置、大小、材质、聚散以及色彩配置上。在这种形式的运用中需注意其设计目的的主次关系，否则将会产生喧宾夺主的效果（见图2-1）。例如，不论是成衣设计还是高级时装的设计中，纽扣不但具有连接服装部件的功能，还有着重要的装饰功能。在设计时，"点"的组织排序是设计表达的主要内容，设计师应通过点的聚散关系、位置关系等来体现装饰上的律动感。

▲ 图2-1 "点"形饰物在服装中的应用

2. 款式结构中的"点"

首先，点表现为服装外轮廓处的肩、腰、下摆等线的端点，连接这些点可以显示出服装的外轮廓形。其次，"点"表现为局部结构中的口袋、袖育克、衣领等。这种点具有相对性，例如口袋相对于形态较小的纽扣而言，它可理解为面，但相对于形态较大的衣片而言，它又是点（见图2-2）。

3. "点" 状图案的运用

表现在服装中的"点"状图案，可以是单纯的点，也可以是小面积的几何图案、碎花图案、装饰亮片、水钻等。在设计过程中，对点的使用上，应注意点的排列、组合要有主次和疏密之分，以保证设计的和谐感（见图2-3）。

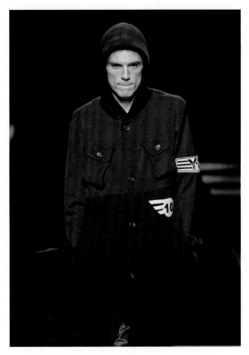

▲　图2-2　服装局部结构中的"点"

▲　图2-3

▲ 图2-3 "点"状图案在服装中的应用

二、线的使用

款式构成中的线，在平面状态下代表的是位置、长度，而无宽度和厚度。线具有丰富的变化空间，是设计中常用的视觉元素。在服装中多表现为服装轮廓形，以及服装结构中的分割线、省道线、线迹线、衣边线、装饰线等。线分为直线与曲线两种，其特性如下。

1. 直线

直线在视觉中表现得坚决、单纯，给人以规整、硬挺、坚强的感觉。它包括水平线、斜线、折线、垂直线等（见图2-4）。

（1）水平线　具有安稳、宽广、冷静的特点，让人感到左右方向的伸展力。在服装中常用于男装肩部、胸部等处的分割线和装饰线，以强调男性宽阔的体格特征和阳刚之气。

（2）斜线　具有不稳定、活泼、动感的特性，在使用中表现为中性特征。常用于男女休闲装、运动装的设计中，以表现服装运动、活跃的状态。

（3）垂直线　具有高耸、庄严、挺拔、上升的感觉，在设计运用中可增加人体的修长感。常见于造型线的使用以及条形图案的使用。

我们在生活中，常有"胖人不适合穿横条纹"或"竖条纹显瘦"的说法，但这不能一概而论，应根据条纹的粗细、色彩或存在方式等区别分析。只有这样，才能达到穿着者修饰身材的目的。

2. 曲线

曲线与直线相比，表现为飘逸、起伏、委婉，且具有流动、回转、丰润的特征。它包括几何形曲线、自由曲线等。曲线在服装设计中常用来表示设计的轮廓线，也称服装外形线。另外，还有领围线、胸围线、下摆线等。

▲ 图2-4　直线的使用

（1）几何形曲线　表现为圆、椭圆、半圆、抛物线等，具有圆润、饱满的特点。常用于袖子、帽子、裙摆、圆形图案等的设计（见图2-5），用于女性服装设计会给人以柔美的视觉效果。

▲ 图2-5

▲ 图2-5　几何形曲线在领部、裙摆等处的应用

　　（2）自由曲线　自由曲线是一种无规则的、奔放的曲线，具有一定的随意性，在服装中使用常表现出极富个性特征的视觉效果，给人以无限的想象空间（见图2-6）。其特有的柔和、优雅感使这种线常用于女装中的裙摆、领口、袖口等处，表现为荷叶边等造型。

▲ 图2-6　自由曲线在服装中的应用

在服装中，曲线以其优雅的气息成为女性服装设计中常用的造型符号。

另外，线带给人们的视觉感受还与它的粗细、宽窄有着密切的联系。例如，粗线会给人以粗犷、醒目的感觉；细直线会给人以细腻、尖锐的感觉；流动线会给人以婉约、舒缓的感觉。服装造型中线的使用，要求完整、流畅，尽量避免出现发涩、断开的线条，线的使用要注意与面的衔接关系，做到协调一致。

三、 面的使用

从几何角度理解，是线的移动产生了面。面分为曲面和平面两种形式，在其基本形式上又衍生出正方形、长方形、三角形、圆形、不规则形等多种形式的面。不同形态的面具备不同的特性，带给人们视觉和心理上不同的感觉。例如，方形的面给人以安定的感觉；圆形的面给人以圆润、丰富的感觉；曲面则给人以活泼、富于变化的感觉；自由形的面会给人以多变、神秘的感觉。

服装造型中的面主要指衣物的裁片、分割面等。面的形态大体包括：几何形，如圆形、正方形、多边形等；不规则形，指形体较为随意、不规则的形状；偶然形，如吹墨、泥点等偶然出现的形态；有机形，如来自于自然的石头、植物等的状态。不同的面应用于服装造型中，其表现手法多种多样，也使服装呈现出多变的造型风格。在设计过程中，同一件衣服中会出现多个面的形态，应注意到面的大小、疏密等对比关系以及穿插关系（见图2-7、图2-8）。

▲　图2-7　面在服装图案中的应用

由于人体是立体存在的，所以附着在人体上的面，严格地说并不是平面的，它的状态会随着人体的特征发生位置上的改变。它既可作为衣片的形式存在，也可以图形的形式存在，其形式变化是丰富的。

▲ 图2-8　面在造型中的使用

四、体在服装中的表现

点、线、面的综合形成了体。体在人们的视觉感受中表现为具有一定形与量的空间形态，在服装中具体表现为极具立体感的服装造型，在设计应用中主要通过省道、褶裥等立体构成方式或者各种装饰及工艺手段加以实现（见图2-9、图2-10）。

▲ 图2-9　通过材质塑造的庞大的体积感

▲ 图2-10　通过褶塑造的体感

点、线、面作为造型艺术上最基本的要素，也是服装构成的重要因素。在服装设计的实践过程中，点、线、面的使用不是孤立的，它们之间既有区别又有联系，点的轨迹形成了线，线的转动形成了面，这三种基本形态构成了长、宽、高三维空间的立体形态，从而创造出丰富多彩的服装造型（见图2-11）。

当然，要掌握并熟练运用各种元素进行设计创作，准确表达出设计构思和预想的效果，需要设计者在实践过程中积累足够的经验和感受。

▲　图2-11　点、线、面的综合使用

第二节 ● 服装的形式美法则

在艺术设计领域中，有其美的评价标准，我们把它称为艺术的形式美法则。它是对自然美加以分析、组织、总结，从理论上形成的变化与统一的协调美的概括，是一切视觉艺术都应遵循的美学法则。该法则同样适用于服装设计，称为服装的形式美法则。服装的形式美法则主要表现在服装构成的三大要素上，即服装造型的有机结合、服装色彩的和谐搭配以及服装材料的合理使用上。

一　对称

3. 对称与对比

对称是指物体或图案在对称轴左右、上下等方向的大小、左右和排列具有的对应关系。对称是造型艺术常见的构成形式，在服装设计中表现得尤为突出。对称给人以稳重、大方的外观特征，但也容易造成呆板、拘束的视觉感受（见图2-12）。在服装构成中，对称基本表现为以下三种形式。

▲ 图2-12 对称

1. 左右对称

由于人体表现为以人体中轴线为对称轴左右对称的形式，所以日常服装的设计以左右对称最为常见，这样看上去容易给人以协调、自然的感觉。如中山装便以其左右对称的形式，传达出庄重、严肃的设计美感。在实际的设计过程中，设计师为了打破左右对称带来的呆板，往往会利用结构上的剪缉线、口袋、装饰物等的非对称设计来塑造灵动、活泼的局部效果（见图2-13）。

2. 局部对称

局部对称是指服装中的某一部分或局部造型采用对称的形式，这些被选择的部位往往是设计者精心安排的，有时会起到画龙点睛的作用，常表现在袖口、下摆、领口、门襟等部位。

3. 回转对称

回转对称是指以一点为基准，将其设计元素反方向排列组合的配置方式。在服装设计中多体现于图案、装饰物等的排列上。此种对称形式活泼，具有变化感。例如，传统纹样中的万字纹、太极图等（见图2-14）。

▲ 图2-13　左右对称

▲ 图2-14　传统万字纹与太极图

二、对比

　　当色彩、明暗、形状等的量与质相反，或者几种不同的要素并列且形成差异时，就形成对比。对比的现象广泛存在于各种艺术形式与生活中，也是服装设计中最为常见的形式之一。如大与小、长与短、胖与瘦、明与暗、动与静、软与硬、粗与细、直与曲等在量、质、形上的比较。使用对比，可以使设计作品取得生动、活泼的效果，使设计作品更加充实、富有内容。但如果使用过多对比，则会出现变化过于强烈，缺乏统一的效果，因此要在统一的前提下追求对比的变化，把握好主次关系。

　　在服装设计的三要素中，对比的形式均得到了体现，具体表现如下。

1. 款式对比

人体是有曲线变化的，不论是男体还是女体，其美感的体现均来自各部位形体的对比关系。如男体中肩部的宽阔对比腰臀的收紧，用来强调男性倒三角形的体态特征；女体中的提升胸部、收紧腰部、扩张臀部的三围对比关系，用来显示女性的X形线条。这就要求在款式设计中突出这些部位来增强对比，增加人体的完美程度。因此，在款式设计实践中，对比主要表现为长与短、凹与凸、松与紧、宽与窄等的设计（见图2-15）。

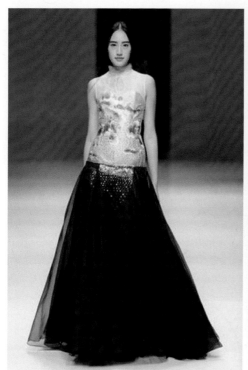

▲ 图2-15 紧与松、长与短的款式对比

2. 色彩对比

在色彩的配置运用中，常见的有色相对比、明度对比及纯度对比，具体表现为色彩的冷与暖、纯与灰、明与暗等形式的对比。通过色彩间不同形式的对比，可以带给观者动静、快慢、进退、软硬、胀缩等视觉感受。如暖色调给人以膨胀、前进、明亮、热情的感觉，而冷色调则给人以收缩、后退、冷静的感觉。色彩对比的合理使用，可以使服装本身及穿着者体现出更为丰富的层次感和内涵（见图2-16）。

3. 面料对比

面料设计是服装设计中的重要元素。在现代服装设计中，面料的选用及对比关系常表现为面料质感对比，例如，面料的厚重与轻薄、柔软与硬挺、光滑与皱褶等，使服装形成不同的效果及风格。在设计中，设计师往往通过面料之间的拼接组合，来完成其对比的效果（见图2-17）。

▲ 图2-16　色彩对比

▲ 图2-17　服装材质对比

三、比例

4. 比例与均衡

　　比例的概念来源于数学，指的是数量之间的倍数关系，在艺术设计中，主要指某种艺术形式内部的数量关系，它是通过面积、长度、轻重等的质与量的差所产生的平衡关系。

　　古希腊的科学家发现了"黄金分割比例"，其比值是1.618。人体的各部位含有多处黄金分割比例，在服装设计中，也常在款式设计上使用这一比例，以期达到视觉上的最佳比例，取得良好的视觉效果。服装设计中常见的比例分配还有 1：1、1：2、1：1.5、1：2、1：2.5、1：3 等。

服装设计中的比例关系多体现在服装与人体、服装配饰与人体、服装的上下衣之间等方面。

1. 服装与人体的比例

人体的完美比例只存在于少数人身上，为了让视觉的比例趋于完美，人们往往通过服装设计的各种手段来修饰人体。例如，可以利用腰线设计的高低来改变臀部和腰部的长短效果；可以利用裙子、裤子的长短、肥瘦来改变腿部的线条；还可以利用上装和下装的长短来改变上下身的比例。娴熟的设计技巧可以使不完美的人体比例得到很好的弥补，把人体最美的一面展示出来（见图 2-18）。

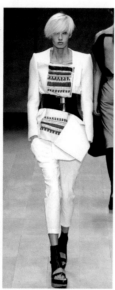

▲ 图 2-18 不同比例的裤装产生不同的视觉比例

2. 服装部件之间的比例

服装部件之间的比例关系主要是指服装各部位之间的比例对应关系。如领子与衣身之间的比例、衣袖与衣身之间的比例、衣长与裙长之间的比例、口袋与衣片之间的比例、胸围与腰围之间的比例等。要得到协调的效果，设计师在设计时就需要兼顾到人体、服装造型、版型、工艺等诸多因素（见图 2-19）。

3. 服装配件与人体的比例

服装配件是现代人必不可少的装扮品。它包括项链、纽扣、腰带、包袋、耳环等。其大小、长短的选择，可以直接影响到着装的整体效果。例如，圆脸的女士避免佩戴圆大的耳饰；脖子短的人可以选择修长的项链；身材矮小的人不要携带宽大的包等。否则会让人看起来觉得比例失调，使缺点暴露无遗（见图 2-20、图 2-21）。

▲ 图2-19　服装各部件之间的比例

▲ 图2-20　耳环与脸型的比例

4. 服装色彩的比例搭配

色彩的搭配也要注意到比例的适当分配，如色彩的冷暖比例、纯度比例等。人们在生活中都知道，灰的、深的颜色有收缩视线的效果，暖的色彩有使视觉膨胀的效果。所以，胸部较高的女性经常会选择黑色或灰色的服装，胸部平坦的女性则喜欢将暖色用到胸部分割中。在具体使用过程中，要注意色彩位置分割、面积大小等，做到合理安排（见图2-22）。

▲ 图2-21　饰品与整体的比例

▲ 图2-22　色彩的比例搭配

知识窗

街头时尚——Hip-hop文化

所谓Hip-hop其实是指一种美国街头黑人文化，当中包括音乐、舞蹈、涂鸦、刺青和衣着。

Hip-hop衣着的典型穿着方式主要有：宽大的印有夸张Logo的T恤，同样宽大拖沓的板裤、牛仔裤或者是侧开拉链的运动裤，篮球鞋或工人靴，钓鱼帽或者是棒球帽，民族花样的包头巾，头发染烫成麦穗头或编成小辫子。而相应的配饰则有：文身Tatoo、银质耳环或者是鼻环、臂环，Matrix墨镜、MD随身听、滑板车、双肩背包Backpack等。这些零星的服装凑在一起，就组成了在美国风靡了近30年的Hip-hop时尚。

这种既舒适又有一丝幽默感的着装方式其实来源于美国黑人家庭。原先是为了节省，让弟弟、妹妹穿哥哥、姐姐们穿下来的大衣服，久而久之，形成这么一种松松垮垮的街头穿着感觉。随着黑人说唱音乐及滑板等源自街头的极限运动在全世界的流行，这种被黑人乐手和街头运动高手所喜爱的装扮风格也在全世界的年轻人中流行起来。

宽大并非Hip-hop穿着的全貌，细分还有差别：玩滑板的朋友喜欢穿滑板鞋，从事运动时比较得心应手而且也比较耐磨，并搭配滑板运动用品品牌的服装，如DVS、PTS、VOLCOM、EXPEDITION、DC等；街舞少年喜欢穿Nike、Adidas等运动品牌的简单式样球鞋，表现出干净利落的风格，其中Adidas鞋为玩地板动作的舞者所喜爱。在街舞服品牌上，有知名的ESDJ、TRIBAL、JOKER、FUBU等，名牌服饰Tommy Hilfiger、POLO Sport、NAUTICA、OAKLEY等。

四、均衡

均衡指的是一种非对称状态下的平衡，是指在造型艺术中，图形中轴线两侧的对应部分元素形状、大小虽不相同，但因为设计元素所占面积的大小不同，也可以使整体达到视觉上平定的美感。均衡与对称相比，形式活泼多变，可以用来调节服装庄重、平稳的气氛。

在具体的设计过程中，可以运用多种手法来达到服装的均衡状态。其中常见的有门襟的位置变化、口袋的大小和形状、色彩的巧妙处理、图案的灵活运用等方面（见图2-23）。

五、节奏

节奏也称旋律，它是来源于音乐、舞蹈等艺术的术语，指的是音乐中音的连续，音阶间的高低、长短在反复奏鸣下产生的效果，是一种有秩序、不断反

5. 节奏、夸张、主次、强调与统一

▲ 图2-23 均衡在服装中的应用

复的运动形式。节奏是一种有规律的变化，在生活中和自然界中许多规律性的元素都可以构成节奏，如人类的呼吸、海潮的涨落、昼夜的交替等。

服装设计中也常运用这一形式来增强服装造型的视觉美感，其节奏主要表现在点、线、面的构成形式上，表现为同一元素的多次重复使用，其关键在于设计要素的大小、强弱等的变化通过规律性和秩序性得以统一，并获得充满活力的跃动感。这是一种常用的设计手法，具体表现为：造型元素的层叠变化，装饰点的聚散关系，色彩的明度和纯度逐阶段变化，图案或面料在服装中的反复出现等（见图2-24）。

从广义角度理解，节奏也包含了反复、交替、渐变等形式法则。

六、夸张

夸张是一种运用丰富想象力来扩大突出所描述的事物本身的某些特征，以增强表现效果的方法。在服装设计中，夸张常常出现于表演装、创意装等的设计。夸张的巧妙使用，可以突出情趣，吸引注意力，更好地表达设计师的创作意图，取得意想不到的效果。

在服装设计中，可以夸张的部位很多，常见的部位有肩部、袖子、胸部、下摆、领子等位置，其表现手法也多种多样。这就为设计师带来了广泛的想象空间和设计灵感（见图2-25、图2-26）。

▲ 图2-24　节奏的运用

▲ 图2-25　袖部的夸张

▲ 图2-26　纹样及造型的夸张

七、主次

　　主次指的是对事物局部与局部、局部与整体之间的组合关系的要求。在艺术创作过程中，往往讲究主次分明、层次分明，以达到整体关系井然有序的一种状态，不要出现"喧宾夺主"的现象。在服装设计中，也常看到有很多优秀的设计作品巧思妙想，各部位设计得恰到好处，或突出面料、或突出款式、或突出图案，而让其他的设计部分对其进行烘托陪衬，使服装的整体美得到最大程度的完善（见图2-27）。

分清主次关系，对于初学者来说显得尤其重要。常看到初学者因为经验不足和急于表现等原因，往往使自己的作品中要表现的设计点过多，最终导致主次不分，作品显得累赘，缺乏主题统领，破坏了服装的整体性。

八、强调

设计师在设计过程中，在自己的服装作品中都会有自己努力突出的东西，即强调的部分。强调指的是整体设计中的突出部位，是视觉的中心点。它的面积可能不大，却能起到画龙点睛的作用。在具体的设计过程中，可强调的有很多，主要包括对色彩的强调、对造型的强调、对结构的强调、对装饰的强调、对面料的强调等。

1. 对色彩的强调

对色彩的强调需要从设计意图出发，如设计是要追求宁静还是活泼，其色彩需配合主题进行设定，才能做到和谐。例如，在做童装设计时，会选用活泼的暖色调和纯度较高的颜色；在做中老年服装时，首选的是饱和的灰色系。当然，设计者会在基本要求的基础上参照流行色的发布来作适时的调整（见图2-28）。

▲ 图2-27 突出面料的设计　　　　▲ 图2-28 强调色彩的设计

2. 对造型的强调

对造型的强调主要体现在服装的分类上，如运动装的造型要求舒适，职业装的造型要求合体，中老年装的造型要求大方简洁，礼服需要体现女性曲线的美感等。针对不同品种的服装，设计师应了解掌握目标消费者的身体及心理特征，注意市场信息反馈，在造型设计中不断改进细节，才会受到消费者的肯定（见图2-29）。

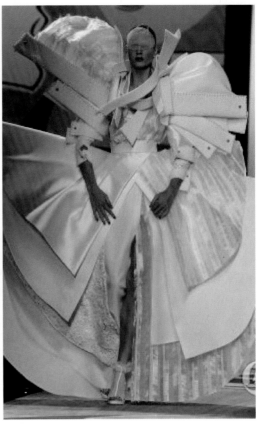

▲　图2-29　强调造型的设计

3. 对面料的强调

对面料的要求，设计师和消费者都极为关注。科技的发展和纺织品技术的不断更新，使面料的流行趋势成为服装流行的重要组成部分。新面料的使用提高了服装的品质和品位，美观、舒适、功能、环保等特点成为消费者更为关注的对象。好的设计结合好的面料才会取得最佳的设计效果，因此世界各大品牌每年都在谋求新面料的开发。在设计中，设计师还经常通过各种面料的搭配、改造等来凸现自己的风格特征。

4. 对装饰的强调

装饰自古以来都是服装中不可或缺的部分。装饰手段在设计中的表现也是极为丰富的，如刺绣、印染、钉珠、图案、折叠、花边、镶边等。多种多样的装饰成为设计师创作的灵感来源。在应用中，因设计师风格的不同，装饰效果也有所不同（见图2-30）。

九、统一

统一是形式美的基本法则，有完整、系统、调和的意思，是指在变化与多样中体现出的内在的和谐统一。它是对比例、对称、均衡等法则的集中概括。

在服装设计中，统一表现为材质、色彩、图案、工艺手段等在运用手法上相似或一致，

▲ 图2-30 不同装饰手法的运用

知识窗

军服面料的功能要求

　　随着科学技术和经济的发展，军服的作用日益向着功能综合和特殊防护方向发展。如作训服由单色改为伪装迷彩色，并将成为具有防火、防雨、防寒、防热、防侦视和透气性好、穿着舒适的多功能野战服。中国人民解放军的特种工作服，分为特殊环境防护服和有害物质防护服两类。军服的用料，多采用化纤混纺或纯化纤织物及絮料，以减轻服装重量。军服的结构，采用多层次配套，使其具有良好的防寒保暖性能和调节性能。对常服、礼服，则主要是改进外观和穿着的舒适性，同时注重经济性和服装号型。

　　使整套服装在变化的基础上仍然呈现出和谐一致的美感。有很多初学者往往将自己想到的许多元素凑在一起，而不善于统一，使服装显得杂乱拖沓。而有经验的设计者往往会选择一个主题，围绕这一主题进行设计，确定所用的材质、色彩等。如设计主题为"蝴蝶"，那整体服装的色彩、配饰、风格等将围绕这一主题展开（见图2-31）。

　　一件衣服如此，一组服装也是如此。所以人们在观赏时装发布会时，常常看到设计师都会有一个明确的主题，即使展示的衣服很多，也会形成较为明确的统一感（见图2-32）。

　　总之，服装的形式美法则来源于长久以来人们在长期实践中所累积的经验。它与其他艺术门类息息相通，掌握它有助于提高人们自身的艺术修养，提升创作能力和欣赏水平。这些形式美法则既有人们固有的审美习惯，同时又随着时代的变化而发生变化，并随之发展。作为设计师，最重要的是要有一双善于发现美的眼睛和一个善于总结美的规律的头脑。

▲ 图2-31　以蝴蝶为主题的设计

▲ 图2-32　主题系列设计

充满摇滚与颓废气质的设计师：安娜·苏

拥有中国与美国血统、身为第三代华裔移民的安娜·苏（Anna Sui）最擅长于从大杂烩般的艺术形态中寻找灵感：斯堪的那维亚的装饰品、布鲁姆伯瑞部落装和高中预科生的校服都成为她灵感的源泉。她所有的设计均有明显的共性：摇滚乐派的古怪与颓废气质。这使她成为模特与音乐家的最爱。

星路历程

- 毕业后，苏决心将其全部精力投入到自己的设计中去后，在私人的寓所里购置了一台缝纫机，从此开始独闯天下。

- 20世纪80年代，苏古怪的、充满古老情致的风格并不被品牌崇拜的潮流所接纳。

- 20世纪90年代初期，她设计的洋娃娃式的套装正好与萌芽期的吉拉吉运动（grunge movement）相合拍。

- 1991年，她举办了第一个时装发布会。

- 1992年，她在纽约SoHo地区的113条格林街道开了自己的时装用品商店。商店反映出清楚的口味：组合跳蚤市场家具和异想天开的玩具娃娃摆在紫色墙和红夹层的房间里。

- 1993年，她的小时装店门庭若市，吸引了许多模特与年轻的时尚一族。从那时起，苏继续采用她的专利——那种不辨纪元与流派的折中主义。

- 1996年，秋冬时装发布会上，人们再次领略了苏的时尚——其灵感来自大导演肯·罗赛尔（Ken Russell）1920年的一部片子的一款设计：天鹅绒、斜纹软呢的搭配，闪亮的金属片，羽毛扎制的帽子和珍珠编织的手袋。

- 1997年，苏展示了她服装以外的其他产品：在威尼斯、意大利、巴林生产的鞋，天鹅绒，丝绸，专利皮革，蛇和蜥蜴皮及小山羊皮包。

思考与练习

1. 根据文中实例，从流行的角度出发，搜集服装设计中运用点、线、面设计的优秀实例图片，并加以分析。

2. 将服装中的形式美法则与其他艺术门类的形式美法则进行比较，分析其相同点与不同点。

3. 在掌握基本形式美法则的基础上，分别设计三款服装，体现对比、节奏、夸张的形式美感。

第三章
服装设计的方法

学习目标

1. 了解灵感的来源、产生与使用。
2. 了解设计思维的几种基本形式。
3. 掌握服装设计的基本构思方法，并能够熟练使用。
4. 了解服装设计的出发点。

灵感与创意是设计的灵魂，而熟练应用设计技巧则是完美实现设计方案的必要途径。

要成为一名合格的服装设计师，必须善于捕捉灵感，以科学的思维进行分析，掌握服装设计常见的基本构思方法，并且能够运用恰当的方式将其完美地表达出来。这是每一个学习者应该具有的专业能力。

第一节 ● 设计灵感与创意

创新是发明家发明一种产品或创立某种程序的过程。创新是设计前进的原动力，它是思维上的创造，是人类思想文明的火花。而创新又离不开灵感的获得，正是灵感开启了创新意识的钥匙。灵感是什么？它到底该如何抓住？我们常听见有人这样感叹。灵感是一种独特的思维活动，它是人们在一定的信号刺激之下所出现的突发性思维，是在人们的思想高度集中、情绪高涨时突发而来的创造能力。

一 设计灵感

对设计师来说，灵感并不是凭空得来的，也不是简单的模仿。它的获得既具有偶然性，又有其必然性。其偶然性表现在客观事物对获得者无目的地刺激；而必然性则表现在灵感获得者本身所具有的经验与素养，它是设计师

6. 设计灵感

生活经验的升华。我们熟知的许多服装大师才思泉涌，灵感不断，作品不断推陈出新，其根本就源于他们日常生活经验的积累、对时尚流行的密切关注、相关专业知识的不断深化，以及敏感的观察力与触觉。

作为一名合格的设计师，对待灵感要学会"记录"与"提炼"，并使其上升为设计表现，真正做到"掌控"灵感，完成创意过程。

二、设计创意

对于服装设计而言，其设计创新既有与其他艺术形式相同的地方，也有不同的地方。服装设计是艺术与实用技术相结合的产物，它既需要运用形象思维，又需要运用立体思维。它要求设计者具备充分的创新意识，从生活中提炼创作出多品种的服饰。服装设计一般要经历灵感的迸发—设计构思—创意的形成—设计的表现—成品的实现等过程。整个过程体现了设计师复杂思维的成熟、完善，透视出设计师感性经验与理性经验的最佳结合。

7. 设计创意

第二节 ● 服装设计的思维方式

对于平常人来说，由于社会经验的约束，往往局限于惯性思维的思考模式中，很难突破。而要成为一名成功的设计师，就必须突破这一框架，寻找全新的思维角度，建立全方位的立体的思维模式。立体的思维模式是一种从各个方位、从全新的角度考虑问题的思维方式，它包括逆向思维、自由思维等。这种思维方式的展开可以突破思考的局限性，使设计构思不论是在风格、内涵上还是在设计的表现形式上都会显得不落俗套、独辟蹊径。

一、常规思维

在服装中，把一些经历时间久远，在款式上具有持久生命力的服装样式称为"经典款式"。对于这部分服装，常采用常规思维进行构思设计。

常规思维是从经典服装样式出发，在保留其固有的基本特征基础上，遵循传统审美意识，结合新工艺、新设计、新面料等，不断改造、发展，使其焕发出新的魅力的思维方式。常规思维也有助于传统审美观在消费者中的传承，延长服装的生命力。因此，要想旧中出新，设计师就必须熟悉消费者的需求，善于将传统与时尚、古典与流行作出最佳的和谐搭配。

8. 常规思维
与逆向思维

这种思维方式多见于成衣的设计构思中。例如，设计师卡尔·拉格菲尔德（Karl Largerfeld）担任Chanel（夏奈尔）设计师后，在保持Chanel简朴优雅风格的前提下增添活泼趣味，使之变得更加年轻、现代和成熟。他将经典的Chanel套装演绎得美轮美奂（见图3-1）。

二、逆向思维

常规思维的对立面是逆向思维。逆向思维相较于前者，常表现为反传统的逆反思维方式。

▲　图3-1　永远的夏奈尔套装

它所产生的设计作品推陈出新，给人以耳目一新的感觉，而且显得标新立异、富于个性化。

现代社会的服装消费市场表现得不再是单一的审美情趣，而是更加自由与丰富。大家对美的追求更加多样化、复杂化。设计师应该基于这种现象，在了解市场、了解消费者等基础上发挥主观能动性，让思维跳跃起来、丰富起来。例如，对于人们穿衣的一般审美标准来说，平整光洁的面料更容易获得大家的认可。但人们所熟悉的日本设计师三宅一生从逆向思维出发，作出了极富个性的"一生褶"，使得看起来满身皱褶的服装成为许多时尚人士的选择（见图3-2）。

常规思维与逆向思维是我们在思考问题时的两个对立角度，它们之间相互依存，相互影响，有时在一定条件下还相互转换。在解决问题时，需要兼顾这两个方面，使问题解决得更加圆满。

三、自由思维

自由思维指的是突破常规思维，向立体的四周无限扩散的思维方式，它是纵向、横向以及多向思维的综合。这种思维形式不受风格、题材、款式、色彩、面料等元素的限制，设计思维更加驰骋，更加天马行空。设计时可以多方位、多视角地来思考和解决问题。因此，这种思维方式更多地运用于创意装的设计中。

设计师约翰·加里亚诺才华横溢，思维多变，是近年来国际时尚舞台上炙手可热的设计师，通过其作品，人们可以看出其立体思维的运用。在他的作品中，人们看到了各

▲ 图3-2 三宅一生和他的"一生褶"

民族富于特色的服饰、各国历史的缩影、各种社会背景等的穿插融合，让人们一次又一次感叹设计师对服装精美的诠释与独特的造型方式（见图3-3）。

在自由思维的运用下，服装设计的领域变得更加宽泛了。服装除了自身的实用性以外，也可以是艺术珍品，可以是幽默调侃的道具，也可以是反传统的武器（见图3-4）。

▲ 图3-3　加里亚诺的设计

▲ 图3-4　创意奇特的服装

　　设计师在日常的学习与工作实践中，要有意识地培养和锻炼自己的思维，使之更加敏锐。在今天，科技的发展为人们提供了最大程度的便捷，让人们足不出户便可知天下事，杂志、报纸、电视、网络等在第一时间为我们提供了最新的流行信息，不断刺激和启发着我们的设计思维。人们要做的便是有目的地分析、积累相关的信息，丰富人们的大脑知识库。这些累积会使人们对相关信息的刺激变得更为敏感，使思维的发散具有更为广阔的空间。

四、意向思维

意向思维指的是一种具有明确意图和目的的思维方式。这种思维方式一般是针对大众化的成衣市场而言的。它所针对的设计目标很明确，首先要求设计师能够准确把握市场和消费对象，紧跟流行，引导消费者的购买行为。其次，它要求设计师在设计实践中顺应一些规律性的东西。例如一说起旗袍，大家马上会想起立领、盘扣；一说起礼服，大家就会想起华丽的面料与立体的剪裁……像这种现象就有一定的普遍性，消费者有一定的认知基础。采用这种思维进行构思，很容易根据明确的设计目的快速完成设计任务，也容易迎合大众审美，取得不错的市场效益。

但对于创意装的设计来说，这种思维方式则显示出其局限性和消极性的一面。它容易使设计师的思维禁锢在一个习惯性的框框中而难以突破。

知识窗

巴黎时尚界的"异军"——日本设计师

山本耀司与三宅一生、川久保玲、高田贤三、森英惠是活跃于当今时尚舞台的最重要的日本服装设计师。

不曾把所谓的"流行"考虑在设计概念内的山本耀司，其作品在时尚圈内总是独树一帜，几乎与主流背道而驰。不过充满东方哲学性的设计风格与不断突破创新的剪裁技巧，仍让山本耀司在每一次的服装发布会上，受到来自各方的注目。

山本耀司曾经在法国学习过时装设计，但他并未被西方同化。西方的着装观念往往是用紧身的衣裙来体现女性优美的曲线，山本则以和服为基础，借以层叠、悬垂、包缠等手段形成一种非固定结构的着装概念。

山本喜欢从传统日本服饰中吸取美的灵感，通过色彩与材质的丰富组合来传达时尚理念。山本并未追随西方时尚潮流，而是大胆发展日本传统服饰文化的精华，形成一种反时尚风格。这种与西方主流背道而驰的新着装理念，不但使山本在时装界站稳了脚跟，还反过来影响了西方的设计师。

三宅一生是伟大的艺术大师，他的时装极具创造力，集质朴、现代于一体。三宅一生似乎一直独立于欧美的高级时装之外，他的设计思想几乎可以与整个西方服装设计界相抗衡，是一种代表着未来新方向的崭新设计风格。三宅一生擅长立体主义设计，他的服装让人联想到日本的传统服饰，但这些服装形式在日本是从未有过的。三宅一生的服装没有一丝商业气息，有的全是充满梦幻色彩的创举，他的顾客群是东西方中上阶层前卫人士。

川久保玲的服装品牌，诞生在日本经济不景气的20世纪70年代，当时她必须面对非常大的压力，也正是因此使川久保玲非得走出日本不可。于是，经过长时间策划、准备后，川久保玲于1981年在法国巴黎举行了第一场发布会，其创新的风格立刻受到时装界的重视，并奠定了品牌的地位。

川久保玲的设计风格完全不同于传统服装的延续。其立体剪裁、不对称……令人印象深刻，蕴涵着属于东方的禅机和思想，有些典雅与沉郁，展现了属于东方的哲学味。

她的创意影响了许多欧洲的设计师，甚至有评论家预言，川久保玲与PRADA的设计风格将会是21世纪的服装蓝本。追求流行的人绝不能忽略她。

高田贤三 (Takada Kenzo) 以其同名品牌"KENZO"的热销而为世人熟知。这位带着一脸灿烂微笑，留着浓密的娃娃式长发，谦逊而幽默的艺术家在通往巴黎的成功途中也经历了暗淡而艰难的日子，但他的作品却始终没有丝毫的忧伤，就像雷诺阿的画一样，只有快乐的色彩和浪漫的想象，因而他被称作"时装界的雷诺阿"。

高田贤三擅长于色彩，并喜欢使用花卉图案设计。他是一个多元文化的融合者。他在二十多年的设计生涯中，一直坚持将多种民族文化观念与风格融入其设计中。他像一块"艺术的海绵"，汲取各种不同的文化素材，然后通过他天才的联想与现代时尚充分融合，幻化出充满乐趣和春天气息的五彩作品。

森英惠 (Hanae Mori) 成长于日本岛根县蝴蝶之乡，幼年的成长经历奠定了她的审美观。在从东京克里斯汀女子大学毕业后，她与同时代的日本女性一样，早早地嫁为人妇，但她的人生并未从此定格。在进修服装设计课程后，这个国语系的才女在1951年开办了自己的"HYOSIHA"服装店，从此开始了与同时代女性不同的职业生涯。1965年，森英惠正式进军纽约，在纽约举行了首次作品发布会。1975年以后，她的作品逐步打入英国、瑞士、德国和比利时的市场。1977年，她打入时装中心——巴黎，加入巴黎高级时装协会，从而成为第一个在巴黎高级成衣界立足的日本人，她在巴黎发表的带蝴蝶图案的印染布料礼服被誉为"蝴蝶夫人的世界"。

现代艺术是森英惠服装设计的灵感之一，抽象的线条、印花图案以及靶状同心圆图案是其常用的元素。森英惠很重视民族风格，经常立足于日本民族文化之中，特别是其运用日本风格的印花丝绸所设计的晚礼服很受欢迎。以蝴蝶为设计特征的森英惠恪守"女性化"原则，因此她的服装纤丽、细腻、精致、贴身。她坚持女装的面料一定要质地优良，她的丈夫为此专门生产了供她使用的富丽的印花面料。同时，她吸收了欧化的不对称剪裁，用飘飘洒洒的大袖、裙裾展现女性柔和飘逸的线条。目前，森英惠拥有其品牌的日装、晚装和高级成衣系列，同时她还客串为歌剧、电影设计服装。

第三节 ● 服装设计的构思方法

对于服装专业的学生来说，对设计的领悟与创新更需要行之有效的构思方法，以适应自己的专业学习。如何开拓设计思维，探求灵感来源，如何不断创新，这些都需要不断地学习体验。构思的方法不是固定的，即所谓"学无定式"，而是因人而异。不论是一小块面料，还是工艺上的一小段线迹，或是不经意间发现的一幅小画，都可能触发构思的火花。下面介绍几种常见的构思方法。

一、联想法

对于拓展思维，联想法是个不错的选择。它是由甲事物联想到乙事物的一种线形思维方式。

9. 服装设计的构思方法

由于每个人的生活阅历、知识储备、艺术修养不同，即使是对同一事物展开联想，所得到的结果也往往是不同的。以"蜘蛛"为例，展开联想。

甲同学：蜘蛛——蜘蛛侠——飞檐走壁——敏捷——科幻——外星人……

乙同学：蜘蛛——昆虫——吐丝结网——杀戮——邪恶——战争……

从以上例子中可以看到，联想法可以从事物的一个点延伸得很远。人们利用这一种构思方式可以有序地刺激想象力，拓展有限的思维空间。

又如以夏天为联想的起点，联系某部小说，展开思维的翅膀。

甲同学：夏天——蓝色——海洋——珊瑚——《海的女儿》——安徒生——丹麦——爱情……

乙同学：夏天——知了——聒噪——闷热——红色——《骆驼祥子》——贫穷——生存……

由此可以看出，联想的思路不同，所取得的结果也不同，设计师要从中找到自己最需要的、最适合的角度进行发展，以获得最佳的款式造型。自然万物为人们提供了取之不尽的联想素材，设计者应有意识地增强自己的这种思维训练。图3-5是一组练习设计作品，它们是取材于蜘蛛织网的繁忙，来反映现代都市生活的忙碌和喧嚣。

在服装设计中，设计师往往通过色彩、形态、材质等要素进行联想并展开设计。例如，看到春天的小草发芽，色彩从嫩黄逐渐转为深绿，在设计时便可以将其应用于服装的色彩渐变上；大自然为人们提供了千奇百怪的形态组合，建筑、工业等设计领域也提供了各种造型，这些都能激发设计师们的联想，并应用于服装的局部或整体造型中；对材质方面的联想也是设计师们激发设计灵感的主要方法，不论是动物的花纹还是金属的坚硬外观，无一不被设计师们应用于服装作品中去。这些都会成为服装吸引人们眼球的重要法宝。

二、仿生法

"仿生"一词现已广泛运用于科学研究的各个领域。对于服装设计而言，它是一种根据仿生对象的外形、色彩、意境等元素进行构思的方法。大千世界拥有广泛的素材供我们随时汲取使用，而我们则要发挥想象力和创造力，根据仿生对象的特征进行无限的构思设计。

可以从很多服装中看到设计师借用仿生对象的造型、姿态、色彩或意境来演绎自己的作

 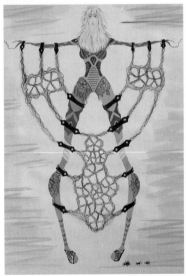

▲　图3-5　来来往往

品。在做仿生构思时，应该理解，仿生不是单纯地借用仿生对象的表面形态，而是要取其神、采其韵，结合设计主题，灵活使用。当然，还要结合时尚感，才能让自己的作品得到认同。

仿生设计的方式多见于舞蹈服、创意装，还有一些特殊功能的服装设计。如体育竞赛中的游泳项目，比赛选手为了提高竞赛成绩，突破身体极限，除了锻炼自己的体能之外，也从服装上进行尝试。设计师根据鱼类的身体特点为运动员设计出像鱼皮一样光滑贴体的服装，以减少运动员在运动时的阻力。图3-6是仿生服装设计。

三、借鉴与模仿的方法

借鉴与模仿对于服装设计来说，是一种较为快捷讨巧的构思方法。尤其对于初学者来说，此种构思方法更有利于快速熟悉并掌握服装设计规律，少走弯路。借鉴与模仿既有相同之处，又有其各自不同的特征。

借鉴是对某一事物某些特征有选择地吸收并融合，形成新的设计的方法。复古风潮是近几年来设计师们喜欢发掘的题材，他们以历史上某一时期的款式特征为借鉴对象，结合现代时尚元素进行构思，形成了新的造型形式。在借鉴的过程中，历史、民俗、绘画、建筑等都可成为设计师创作借鉴的对象，让人们在感受时代脉搏的同时，能不断体验来自各国历史、各民族风俗、各种文化透过服装这一载体带给人们的视觉冲击（见图3-7）。

▲ 图3-6 仿生服装设计

▲ 图3-7 借鉴中国青花瓷元素的设计

模仿是对已有款式作局部的改进，使其更符合消费者的要求。这样改进的款式与旧款之间有着延伸性。在一些服装品牌中，常会有几款市场销售业绩及评价较好的款式。对于这种较经典的款式，设计师就会采用模仿的手法，在保留其原设计的基础上，根据市场流行的变化，只对其细节、配饰、面料等进行调整。这样，既保证了产品的市场利润，又节省了设计成本。

借鉴与模仿有相似之处，即它们的设计都有参照的对象。但它们也有着本质上的区别：借鉴的设计参照物既可以是服装，也可以是服装以外的任何物品，并且在设计参照物的基础上，取其部分元素来设计新的造型；而模仿则主要针对某服装造型，在设计参照物的原型基础上发展而来，很大程度上保留了原款的风格特点。

知识窗

流行色预测机构

国际流行色协会、《国际色彩权威》杂志、国际纤维协会、国际羊毛局、国际棉业协会、中国丝绸流行色协会、全国纺织品流行色调研中心。

第四节 ● 服装设计的出发点

对于设计者来说，在接到设计任务时，最忌漫无目的地搜集素材，这样既浪费精力又浪费时间。相反，找到一个合适的切入点进行构思，可以让设计任务有效地、按部就班地展开。由于每个人的思维方式不同，在选择设计出发点时往往也有所不同，从而也形成了设计师自己的风格特点。像日本设计师三宅一生多以面料材质的变化为出发点展开设计，而英国设计师维维安·韦斯特伍德则更愿意从朋克、嬉皮等街头文化中汲取营养。

一、从设计主题出发

设计主题是指设计的中心思想，它是设计的主要线索。我们看到的大多数服装设计大赛都会为参赛选手设定一个主题，这样一来就为选手限定了一个主题范围。例如"汉帛奖"第14届国际青年时装设计师作品大赛主题为"我为新娘做嫁衣"，选手们以新娘作为创意主角展开设计，任务、主体、穿着目的都很明确。再如第15届大赛的主题为"印象·北京"，参赛的设计师们必然会从主题出发，围绕"北京"这一主题展开构思，有针对性地对服装设计的造型、面料、色彩、风格等问题逐一进行解决。从主题出发有利于设计师把握设计的整体性，有利于灵感的启发，并容易把握设计的主次关系，使设计的目的性

10. 从设计主题出发、从设计风格出发

更加明确。

二、从设计风格出发

设计师夏奈尔曾经说过："流行转瞬即逝，而风格将永存。"从风格出发，能体现出一个设计师或一个品牌的个性特征，形成有别于他人或其他品牌的标志性特征。风格的形成与固定在一定程度上标志着设计师和品牌的成熟。因此不论是设计师还是品牌，都在风格的形成与延续上做着不懈的努力，以达到突出自我、延续设计魅力和品牌生命力的目的。纵观国际时尚舞台，做出成就的设计师以及历经岁月考验的百年品牌，无不如此。从风格出发进行设计，便成为设计师更好地融入主观意识的最好方法。在现代成衣设计中，从品牌风格出发，有助于设计师准确地界定消费对象，更好地把握目标市场，正确地区分消费人群，取得较好的市场利润（见图3-8）。

▲ 图3-8 极具风格的亚历山大·麦克奎恩

三、从功能出发

这是以服装的使用功能为首要点的构思方法，它根据人们从事不同职业、出席不同场合、适应各种时间以及行程活动等特征展开构思并进行设计。服装的分类有很多，除了常规的生活服装之外，有很多以功能性为主的服装种类。如滑雪服（见图3-9）、摩托车服（见图3-10）等首先要考虑到其功能。这类服装对于面料的选用、版型、色彩、造型等因素都有自己的功能要求。设计师设计这类服装时，就要首先从功能出发。近年来，户外休闲越来越受到大家的喜爱，其分类也越来越专业。相对于时装的美丽外观，户外服装更注重功能性，讲究的是防水、防风、保暖、透气以及耐磨等。如今户外服装品牌层出不穷，服装的功能设计成为设计师的首选，其科技含量也不断提高。

▲　图3-9　滑雪服

▲　图3-10　摩托车服

四、从色彩出发

在服装设计的三要素中，色彩是最具视觉冲击力，也是颇见功力的一个设计元素（见图3-11）。从色彩出发，可以让服装在视觉上更好地和谐统一，视觉效果饱满，富有冲击力。色彩设计上的优势会让设计者的风格更鲜明。常见的服装色彩搭配有同类色搭配、邻近色搭配、对比色搭配等。在从色彩出发时，要注意色彩使用不宜过多过杂，还要注意色彩间的比例配置、冷暖对比、纯度对比等因素。服装的色彩美主要表现在两个方面：一是服装本身所具有的色彩美感，指的是服装面料本身所具有的色彩美以及服装搭配所产生的协调美感；二是服装与穿着环境的协调所产生的美感，具体指穿着者本身的气质、肤色、体型特征与色彩的协调以及服装色彩与周边环境、灯光、场合的协调等因素。在具体的使用过程中，还要注意色彩的流行性与时尚度，注意饰品在服装中的色彩搭配等细节。掌握好这些要素，从色彩出发进行设计就会达到预期的效果。

▲ 图3-11 色彩的运用

五、从造型出发

11. 从造型出发、从工艺出发与从材料出发

　　从造型出发，是设计师最常用的构思方法。设计师往往从服装的外轮廓着手，再逐步向局部、细节慢慢延伸，直至整件作品完整、丰满起来。时代不同，人们对造型的欣赏有着雅俗、美丑之分。设计者要注意观察总结，充分考虑形式美法则的要求，照顾到整体与局部造型的关系。常见的造型分类有几何法、字母法、象形法等。法国设计大师迪奥就是一位善从造型出发进行设计构思的设计大师。从1947年使他一举成名的X形的"新形象"到后来的"垂直造型"，再到20世纪50年代著名的"郁金香造型"，到H形、A形、Y形、纺锤形……迪奥以其对造型娴熟的掌握和应用掀起了一次又一次的流行风暴。在今天，对造型的突破仍是每位设计师的追求。怎样平中出奇、旧中出新，怎样使造型与技能相结合，是每位设计师应认真思考的问题。

六、从图案纹样出发

　　各种图案纹样是很多设计师灵感的来源，这一元素的运用也是比较常见的。在设计师搜集创作元素时，从民族元素中借鉴的最主要的一个元素就是图案纹样。图案纹样的题材多样，有民族的、现代的、前卫的、童趣的……从图案纹样出发，可以极大地丰富设计语言，充实视觉效果。常见的图案形式有独立纹样、二方连续、四方连续、自由纹样等。在纹样使用时，设计师应考虑到图案与款式造型的一致性。不同形式的纹样组合所产生的装饰效果是完全不同的（见图3-12）。

▲　图3-12　图案纹样在服装中的应用（杜嘉班纳Dolce&Gabbana作品）

　　图案纹样的选用往往与设计目的相挂钩，它除了形式上的不同外，还包括题材、染织等的不同。如文化衫的图案常以印染为主，以显示文化衫所展示的特有的街头平民意识；而礼服上的图案则常以刺绣、钉珠、镶钻为主，以展示其华贵高雅的一面。

七、从材料出发

有人说："现代设计就是服装材料的设计。"这种说法虽有些偏颇，但从一定程度上说明了在服装设计中，面料的选用占据了极其重要的地位。设计构思的最终实现从很大程度上取决于面料的选用，而面料的选用还要求设计师具备一定的专业知识和经验。很多设计师一般在设计前都会对流行面料先作一番调查，再进行设计稿的构思。这样先从材料出发的做法保证了设计成品与构思的一致性。从服装的材料出发，主要体现在对材料的色彩、肌理、机能以及新功能的选用上。材料的肌理指的是材料表面因制造手段的不同所产生的不同纹理效果。我们看到，为了追求丰富的肌理效果，设计师会通过对面料的二次处理，来形成立体多样的肌理效果。常见的面料肌理再造的方法很多，如搓擦、抽纱、镂空、抽褶、压印等（见图3-13）。

▲ 图3-13 从面料出发

材料的机能主要指的是面料本身的物理性能，如悬垂性、透气性、柔软性、吸湿性、弹性等。设计师对材料的正确选用会让服装的造型锦上添花，更加完美。自2006年开始，市面上出现了一种叫金属丝的新面料，这种纺织面料以其独特的风格、特殊功能和优良品质吸引了许多服装设计师的眼球和顾客的青睐。金属面料有特别的金属质感，表面亮晶晶的闪光能产生一种华贵绚丽的视觉效果。由于此面料有天然褶皱的风格，加上所含金属丝具有屏蔽、抗辐射的功效，可以缓解现代人因使用手机、电脑等带来的辐射对人体造成的损伤，有利于人体健康，因而成为当时最受关注的面料之一。

八、从工艺出发

服装的工艺是指服装造型完成过程中所需的各种手段，它们不仅仅是服装各部分的联结方式，有时还是服装整体的重要装饰手段。工艺水平的高低直接影响到服装设计意图的完整表达。在成衣制作中，工艺的合理安排还影响到生产成本和服装品质的高低。因此，从工艺出发也是设计时不可忽视的重要一点。

高级时装对工艺的要求非常高，其价值的存在很大一部分来自对待工艺的态度像对待艺术品一样一丝不苟。高级时装的工艺师们往往会用数百小时甚至更多的时间手工缝制每一颗亮钻、每一根丝线，让高级时装的魅力发挥到极限。

从工艺出发，要注意工艺的创新意识。随着时代的进步，消费者的审美也随之改变，而新工艺、新科技的发展也带来了工艺手段的不断变革，因此设计时同样要做到与时俱进，不断改进工艺手段（见图3-14）。

▲　图3-14　繁复的工艺成为设计师们装饰的法宝

除以上介绍的方法外，服装设计中可以考虑的出发点还有很多。常见的如从情调出发、从细节出发等。使用时设计者可以根据自己的特点与习惯进行构思，还要根据设计时所具备的条件、要求等实际情况而定。

知识窗

第一条牛仔裤的诞生

出身于德国犹太家庭的李威·施特劳斯厌倦了家族世袭式的文职工作，追随两位哥哥远渡重洋到美国旧金山淘金。

在对淘金发财失去信心后，他开办了一家小型百货商店。在工作中，李威·施特劳斯发现一般面料制成的裤子不能满足矿工们对服装耐磨度的要求，就用帆布为矿工制作了一条帆布短裤。世界上第一条帆布工装裤就这样诞生了。

后来，李威放弃了自己经营的小百货商店，开始改做工装裤。果然，帆布短裤一面世，便大受欢迎。它坚固、耐久、穿着舒适，深受淘金工人和西部牛仔们的喜爱。订货单雪片似地飞向李威。1853年，"李威帆布工装裤公司"正式成立。李威开始大批量生产帆布工装裤，专以淘金者和牛仔为销售对象。

随着销售的展开，李威逐渐改进工艺，将短裤改为长裤；为了使裤袋坚实耐用，李威把原来的线缝改用金属钉牢……后来，当法国生产的哔叽布盛行美国时，李威发现它不但耐磨，而且比帆布美观柔软，于是采用了哔叽布这种新面料代替帆布。不久，李威又将这种裤子改得紧贴腿面，使人穿上更显挺拔洒脱。经过多年的改进、更新，"李威裤"形成了特有的式样，并渐渐被"牛仔裤"这个名字取而代之。

李威·施特劳斯发明的牛仔裤，距今已有100多年的历史。牛仔裤不但没有随时光的流逝而消失，反而被越来越多的消费者所喜爱，成为一种流行全球的服装时尚。

第五节 ● 服装设计的主要方法

服装设计的方法因人而异，但总有一些规律性的东西可供参考。这些规律的熟练掌握与应用，可以使学习者更快更好地进入到专业设计实践工作中去。

服装设计方法不但是一种技术手段，更是实践经验不断积累的成果。设计方法的总结与应用会因为侧重点不同，而得出不同的结论。下面介绍几种常用的设计方法。

一 同型异构法

这是一种在服装造型不变的基础上，改变其内部结构，如装饰线、拼接部位、装饰部位、工艺手段、色彩搭配等设计元素，从而衍生出多款设计的方法。这种方法在系列设计和成衣设计中都比较多见，有助于设计师快速完成大量的设计任务。

在进行同型异构法设计时，必须注意局部改造设计应与整体造型保持协调，维持造型原有的特点及美感（见图3-15）。

12. 服装设计
的主要方法

▲　图3-15　同型异构法

二　整体法

　　整体法是指从事物的整体出发，先确定事物的整体框架，再从事物的各个局部开始进行配合，逐步展开并完善的设计方法。使用这种设计手法，设计师更易对作品进行整体把握，全局统筹。

　　例如，当X形造型线的使用成为女装流行趋势的主要表现时，那么X形造型线便要作为整体的起点，与之相配合的局部有领子、口袋、袖子、下摆等；当新型的面料成为流行中所要表达的主要内容时，其造型结构以及工艺等也将围绕这一整体展开设计。在设计过程中，局部设计要服从整体要求，以免主次不分。整体法的使用很广泛，不仅适用于创意装的设计，还适用于成衣的设计（见图3-16）。

三　局部法

　　与整体法相反，局部法是指设计从服装的某个局部开始，先确定服装的某个局部造型，逐步延伸到服装整体的方法，这是一种以点带面的设计方法。在设计中，很多的灵感来自一些小的细节，可能是一朵花、一枚纽扣，也可能是一条蕾丝花边……设计师从这些细节出发，将设计扩展到服装的整体造型系列设计中去。局部造型一经确定，就要求与之配合的整体造型的风格也必须与之相协调。

　　例如蝴蝶结是女装中重要的装饰要素，设计师们从这一元素中获得了大量的设计灵感，配合这一主题，设计出不同的造型（见图3-17）。

▲ 图3-16 整体法

▲ 图3-17 从局部出发的设计

四、反对法

反对法是以逆向思维开始构思，从问题的对立面出发，进行创新的设计方法。这种方法标新立异，个性鲜明，易达到出其不意的效果。反对法可以是形态上的反对，也可以是意识上的反对；可以是造型上的反对，也可以是风格上的反对。

反对法在设计实践中常表现为面料上的随意搭配、性别感显著的男女装互换、上装与下装的反对、内衣与外衣的反对、色彩搭配的无序等。在使用反对法时，要求设计师对整体造型的把握协调有序，主题鲜明（见图3-18）。

▲　图3-18　上装、下装的反对，前衣身、后衣身的反对

五、组合法

在现代社会中，生活节奏越来越快，交际场合越来越多，这就要求服装的适应性也随之提高。在这种需求下，采用组合法设计的服装就受到了大众的喜爱。

组合法是将两种或两种以上不同风格、不同功能的服装相结合，使其产生新造型的设计方法。像近几年来流行的商务休闲装，便是组合了商务装精致的做工、精良的材质和休闲装舒适的造型与款式所产生的新的服装类别，因其舒适性和较好的功能性而受到众多男士的青睐。

六、加减法

服装设计在其造型手段的应用上，无外乎做"加法"与"减法"。设计师根据流行的变化，增加或减少服装上的设计元素，改造服装的部分特征，包括款式造型、装饰手法的变化等。所表现的外在特征为"简洁"或"繁复"，使用时应视具体情况灵活处理。

就具体手段来说，"加法"表现为褶皱、花边、折叠等造型和装饰物的使用，而"减法"

则表现为抽纱、剪切、镂空等造型方法。

七、追踪法

追踪法是以某一设计灵感或设计元素为中心，在设计出一款之后，思维不会就此停止，而是继续追踪其相关事物并加以分析整理，不断产生新的设计造型的方法。这种方法能够将设计思维进行最大限度的发散，使设计更好地得到拓展，提高设计的速度和数量，从而适应工作中大量的设计任务。这种方法在成衣设计中是十分有效的。

例如，某女装公司做今年秋冬装设计，其主题是军装风格的应用。设计师就从军装这一主题出发，以军装为原型，追踪与其相关的各种元素，如袢带、纽扣、造型线、明线装饰等，巧妙地将这些元素结合时尚概念运用到夹克、风衣、裙装、裤装等的设计中去。

这种设计方法的设计灵感或设计元素取材广泛，如图3-19为扇形褶的追踪设计。

八、调研法

这是成衣设计中常采用的方法之一。它是利用调研的手段来收集市场的反馈信息，并以此为依据来改进设计的方法。这种方法有助于使所设计的产品更加符合市场的流行趋势，保证产品销量。

在调研中，要针对不同的问题设计有针对性的调查问卷并进行相关的信息采集。在此基

▲　图3-19　扇形褶的追踪设计

础上才能做到有的放矢、取长补短，避免设计、生产的盲目性，最大限度地适应市场需求。

九、限定法

　　限定法是指在一定条件的约束下进行设计的方法。在成衣的设计中，设计师的设计行为并不是随心所欲的，他经常要受到来自各方面的约束。设计限定的因素有很多，大体可分为三大部分：一是来自于消费者要求的，主要包括流行色彩、款式、面料、功能等方面；二是来自于客商要求的，如工艺、成本、号型等方面；三是来自于生产商要求的，如库存面辅料、工艺等方面。

　　设计师在对待不同的限定时要抱着认真、诚恳的态度，具体问题具体分析，灵活应变，找出适合的解决办法。

十、变更法

　　变更法指的是改变服装中原有的某个环节或组合形式，产生新的款式造型的方法。采用变更法进行设计时，常从服装的色彩、材质、造型等角度出发。

　　在具体使用时，根据设计目的的不同，应从不同的角度出发。同一服装款式变更其色彩就会获取不同的设计效果。例如婚纱的传统色彩是白色，代表新娘的纯洁，颜色转变就会有着挑战传统、叛逆的意味在里面；又如牛仔裤的传统面料是斜纹牛仔布，代表粗犷与叛逆，变更材质为细纹棉布，就有着休闲、惬意的味道。这种变更适用于创意装及成衣的设计，使原有的款式不断推陈出新，焕发青春。

当然，服装设计的方法还有很多，需要我们勤于学习、不断总结，只有这样，才能更好地掌握它们并熟练使用。设计者在学习技巧的同时，要不断完善自己的专业理论体系，提高自己的动手实践能力。

第六节 ● 服装构思的表达方法

灵感有时容易像火花一样转瞬即逝，而由此产生的设计构思在脑海中也常常被遗忘。能将设计构思很好地保存并适时表达出来，也是对设计师基本素质的一种要求。

13. 服装构思
的表达方法

设计构思的表达常见的有以下两种基本形式。

一、图稿的形式

设计师应具备一定的专业绘画技巧，绘画形式主要有手绘及电脑绘制两种。手绘能够第一时间表达设计师的设计感觉，传达设计师的思维火花。

1. 服装效果图

服装效果图多应用于指导成衣制作，其内容包括：效果图、平面款式图、细节图、面料小样及号型表等。要求图纸内容严谨、科学，以便更好地为生产实践提供准确的参考和依据。

2. 快速记录灵感的服装设计草图

设计师的灵感可能出现在任何时间、任何场合，因此设计师应该养成随身携带纸笔的习惯，以便随时记录设计构思。

这类草图线条简练，关键在于捕捉关键部位进行记录。记录的内容可能是领、袖等局部，也可能是服装的整体造型，还可能是服装的装饰纹样等。因为这类草图的表达比较仓促，必要时可以辅以文字说明，方便以后设计时应用。

现在，许多服装公司的设计人员更热衷于用专业的电脑软件如Photoshop、Corel Draw及服装CAD等来绘制服装款式图，使效果图具备了更加快捷、准确、干净的特点（见图3-20、图3-21）。

二、实物形式

立体的表达形式一般是使用立体裁剪的方法对款式进行表达，这一方法具有更为直观形象的特点。它适用于一些造型复杂，装饰部位结构立体化，平面表达难以准确、到位表达的款式。尤其是礼服的设计，效果图往往会服从于实际操作时带来的效果，而裁剪过程中又会解决很多设计构思时的漏洞，并引发设计师产生新的设计灵感。由于这种方法的可操作性，要求设计者具备一定的动手能力和创新能力。

▲ 图3-20　服装设计图稿

▲ 图3-21　城市的夜（胡雪）

欧洲女装品牌——ZARA

ZARA与GAP、H&M并列为世界三大服装类零售巨头。ZARA隶属于西班牙的INDITEX公司。INDITEX公司是西班牙排名第一、全球排名第三的服装零售商，在全球52个国家拥有2000多家分店，旗下拥有ZARA、Pull and Bear、Massimo Dutti、Bershka、Stradivarius、Oysho等9个服装零售品牌。其中ZARA是这9个品牌中最出名的，是INDITEX公司的旗舰品牌，被认为是欧洲最具研究价值的品牌。ZARA公司独特的供应链管理，使其成为全球服装行业中响应速度与弹性管理上的标杆企业。

作为INDITEX公司的旗舰品牌，ZARA创始于1985年，它既是服装品牌，也是专营ZARA品牌服装的连锁店零售品牌。ZARA公司坚持自己拥有和运营几乎所有的连锁店网络的原则，同时投入大量资金建设自己的工厂（目前有22家自有工厂）和物流体系，以便于"五个手指抓住客户需求，另外五个手指掌控生产"，快速响应市场需求，为顾客提供"买得起的快速时装"。

在欧洲，ZARA走红的法门便是"一流的设计、二流的面料、三流的价格"，它满足了那些买不起顶级品牌却又喜欢时尚设计的年轻人的消费需求。ZARA有近400名设计师，他们在一年中大约设计12000种时装，这两个数字都远远超过其他知名的服装品牌。

ZARA将她的设计方式称之为"三位一体"——这"三位"分别是"设计师""市场专家"以及"进货专家"。三者一起来确定设计款式，保证了品牌风格的统一。

ZARA品牌管理策略也很有特色，即业内著名的"三不"原则——不做广告、不外包、不打折。

思考与练习

1. 以课堂讨论的方式，从逆向思维、自由思维等角度对设计主题展开联想进行思维拓展训练。

2. 分别以"战争""沙漠"为主题，采用联想法进行男装的构思设计。

3. 以某一品牌的当季发布为原型，从借鉴与模仿的角度展开系列设计。

4. 从图案纹样出发，设计一组童装，要求图案、色彩符合相应的年龄特征。

5. 采用同型异构法，参照某一品牌特征设计一系列六套的成衣作品。

6. 利用追踪法，参照某一品牌本季的流行（色彩、造型等）特征，做出下一季的设计。

第四章
服装的造型设计

学习目标

1. 明确人体与服装造型的依托、生成关系及存在的空间关系。
2. 熟练掌握基本的造型方法，并具备一定的动手实践能力。

尽管服装丰富多彩、千变万化，但是，任何服装都始终是围绕着人体进行造型变化的，存在着前后侧的三维空间关系，表现为服装在三维空间的整体轮廓及外貌特征，因此有人将服装设计称为人体的软雕塑。就此而言，服装设计应该是一种立体的造型过程，它将平面的面料通过造型转化成具有多个曲面形态及符合人体动态变化特点的立体形象。也有人将服装造型设计称为人体的外包装设计。服装造型设计属于工业造型的范畴。

第一节 ● 服装造型与人体的关系

如前所述，服装造型设计是对人体的外包装设计，它的设计主体是人体本身。服装的作用不仅是将人体装扮得漂亮，更重要的是具有实用功能，它在符合人体结构的同时还要符合人体的运动机能，使人穿着后更为方便舒适。人体的造型结构和形态都直接或间接地影响着服装的造型和形态，因此，在对服装设计进行创作构思时，首先应对人体的形态结构特征以及空间结构特征进行详细分析。

从生理学角度来看，人体骨骼结构是由206块骨头组成的，其外附着600多条肌肉，肌肉外面包着一层皮肤，它们构成了人体最外表的型，也就是人的体型。从造型角度来看，人体的头腔、胸腔、腹腔三个腔体以及脊柱和四肢组成了人体最基本的特征。其中脊柱的运动对人体的动态产生了决定性的影响，而四肢的运动方向、运动范围和运动量又直接影响着服装造型的基本特征。

古往今来，男装与女装造型的差异来自于男性与女性的基本的生理差异，在不同的文化背景下，人们根据对男女体型的了解用不同的方式不断地强化和巩固这种差异，使男装与女装以各自特有的造型特征在人们的观念中确立下来。

一、男性人体的特征

相对于女性而言，男性全身肌肉发达，颈短粗，喉结明显，肩平而宽，胸肌发达而转折明显，背部肌肉凹凸变化明显，上肢肌肉强壮，胯部较窄，腰臀差较女性小，躯干较平扁，腿比上身长，整体看来如一个倒梯形。因此男装大多强调肩部，注重力量、阳刚与理性的美感。

男性体型结构由于年龄、胖瘦以及人种的差异，存在有很大的区别。青年期的男子体态匀称，胸部结实，腰细臀窄，充满活力。中年期男子的体态通常情况下较青年期粗壮或趋于肥胖，胸部肌肉松弛，腰部变粗，腹部突起，表现出成熟稳重的气质。老年期的男子呈现两种情况，胖者体态臃肿，腰粗腹大；瘦者清癯干瘪，背部弯曲，棱角分明，但往往缺少活力。从总的差别来看，东方男子身材略矮，胸部较薄，背部较扁平；欧洲的男子身材高大，肩宽而胸厚。近年来，随着生活条件和观念的改变，男性越来越注重体型方面的锻炼，身高和体态都得到了很大改观，更富有男性魅力。

二、女性人体的特征

早在数千年前，人们就已经认识到了女性的人体美感。女性体态的美主要表现在肩、腰、臀所构成的曲线美。较之男性，女性肌肉不那么发达，颈细长，肩部窄斜且薄，乳房隆起，腰部纤细，臀部丰满、圆润。因此女装更注重强调胸、腰、臀等部位的差异，表现身体凹凸有致的玲珑曲线。

与男性人体一样，由于年龄、胖瘦以及人种的差异，女性体型存在有很大的区别。青春期的女性体态匀称，特征鲜明，呈现明显的S形曲线。进入中年期，妊娠、生育、家务劳动等会使女性的体态变得丰润，胸部仍有高度，但大多数的腰部和四肢变粗，腹部突起。老年期的女性体态多数偏胖或偏瘦，从背部到颈部明显前倾，腹部脂肪增厚突出，胖者腰部和臀部的脂肪丰厚，瘦者则胸部和臀部变得平坦。欧洲女性体型较圆润，胸、腰、臀差大，曲线凹凸明显，极具性感美；东方女性曲线柔和，身材相对矮小。但随着社会经济的发展、人民生活水平的不断提高，以及人们饮食结构的变化和生活习惯日趋国际化等，东方女性的身高也在发生变化而增高，特别是"东方热"的兴起，使得东方女性的气质备受世人青睐。近年来，国际T形台上不断涌现东方女性的身影，她们独具魅力的气质特点吸引了众多的目光。

三、人体与服装造型的关系

从服装学的角度来看，服装具有两种状态，当它独立存在时是一种状态，而当它穿在人体上之后则呈现另一种状态。所谓的服装美即包括了服装与人体两个概念。人体是服装的载体，服装始终围绕着人体这个立体形态进行造型。因此如何塑造好服装与人体之间的空间关系，决定着一件服装造型设计的成功。

1. 服装造型要符合人体工程学

人是这个世界最高级的生命体，决定了服装最本质的造型特征。任何一件服装，首先要建立在实用的基础上，符合人体的机能构造。纵观整个服装发展的历史，可以看出，服装的造型是随着人类文明的进程不断发展演变的，从运用整块材料进行缠绕披挂式的原始服装到款式多变的现代服装，由过去简单的连接成型发展成精湛的缝制工艺，由夸张怪异的廓形发展成造型严谨而适体，人们对于服装造型的认识经历了漫长的由感性到理性的过程。在西方的服装史上就曾经出现过只注重服装的装饰性，而忽略人体机能构造的做法。以16世纪文艺复兴时期的服装造型为例，这一时期人们改变了用符合人体的自然形来表现服装的做法，越来越无视人体，走向极端地追求服装造型美的道路，如将内脏紧缚到变形的紧身胸衣，膨大到无法正常进出门庭的裙撑，整体装饰夸张得如一座"行走的花园"。到18世纪的洛可可时期，这种无视人体构造，"服装制约人体"的做法达到了登峰造极的地步（见图4-1）。

◀ 图4-1　"行走的花园"

知识窗

洛可可风格与服装

　　"洛可可"一词源自法国词汇"Rocaille"，原义是指岩状工艺和贝壳工艺，多指室内装饰、建筑、绘画、雕刻以及家具、陶瓷、染织、服装等各方面的一种流行艺术风格。另外，"洛可可"在《法兰西大学院词典》中的释义为：路易十四至路易十五早期奇异的装饰、风格和设计。

　　洛可可风格在建筑中表现为内部的装饰，构图非对称法则，并带有轻快、优雅的运动感，模仿贝壳、钻石、植物等自然流畅的弧形曲线来做雕饰，多运用C形、S形或旋涡形的曲线和轻淡柔和的色彩来表现出华丽优雅的气派。洛可可风格在绘画中以上流社会男女的享乐生活为题材，对象多为全裸或半裸的妇女、华丽的装饰、美妙的自然景色，给人以奢侈华美之感，以法国式的轻快优雅、舒适豪华摆脱了宗教题材中圣徒痛苦的殉难，给人以视觉上的愉悦。

洛可可艺术风格与巴洛克艺术风格最显著的差别就是，洛可可艺术更趋向一种精制而优雅，具有装饰性的特色。这种特色当然影响到当时的服装，甚至以"洛可可"一词代表法国大革命之前18世纪的服装款式。画家Jean Antoin Wotteau描绘了当时服装的样貌，女性服装内穿束身马甲，裙撑架盛行，其形式为前后扁平、左右对称，外穿衬裙，另外还有一种类似披风的外套，称为Wotteau Dress，衬裙外露，领口呈大的U字形。这一时期的服装多运用纤细、轻巧、华丽的装饰，色彩轻淡柔和，具有绚丽华贵、轻盈烦琐的美感。

现代科学的发展，人体工程学、服装卫生学逐步受到重视，人们在满足服装的装饰性、追求服装美的同时，朝着服装的实用性、舒适性方向不断发展。人体各部位的长宽比例，骨骼、关节、肌肉等是构成服装造型的重要依据，如领子、衣身、袖子、裤管等各个主要部件是依照人体结构的躯干、上肢、下肢的各个局部和关节的动向与部位设计出的，并且这些主要部件还要按照人体外形轮廓的长短、大小、粗细构成不规则的管状或筒状等形式。尤其是针对服装衣片的作图，都是由这种立体的管状展开、分解而成。当然，为了符合人体各个部分的需要，更好地体现服装的立体空间效果，现代人通过更符合人体生理卫生、更科学的方法来修饰体型美化自己。例如，通过采用各种衬使胸部隆起、丰满，使服装表面平整、折边顺直；采用垫肩使削肩的人肩部丰满、匀称；采用里料限制服装的伸长，减少服装的褶裥和起皱，使服装获得很好的保形性；收省、作切割线、缝制前后的熨烫归拔，目的都是使衣片缝成的服装能符合人体体型，使服装立体空间更加完美，人体穿着更为舒适。

2. 服装造型要符合人体运动机能

服装造型还应满足时刻处在运动中的人体特点。人体的各种动作主要是在大脑的支配下由肌肉、筋腱的收缩和伸展来牵动骨骼的位移而形成的，骨与骨之间的连接部位是关节，每个关节都可带动肢体作一定角度和方向的运动，关节的运动过程形成与静态很大的差别。服装造型必须考虑肢体的生长方向、运动角度、可动域，并适当地加入松量，使服装在成型后与人体体表留有一定的空间，这样各个部位活动时才能自如而舒适。比如，人体的腰脊前倾幅度比较大，所以在造型结构设计时，要考虑到后背的运动放松量，使人体在作相应的运动时，能自如而不受局限。当然，像古罗马的托加（Toga）等披挂性服装形式、中式服装中的宽袍大袖等造型，放松量极大，整体造型庞大，会让人觉得累赘，同时也不利于人体活动。这就要求设计师必须研究人体的活动方式及其规律性，从而找到适合人体运动的服装结构形式。

当然，当今时代高科技的发展赋予了服装面料多种特性，特别是各种弹性面料，给人体运动带来更多的舒适性。如加入莱卡材质的面料在拉伸数倍后仍能恢复原样，即使是紧缚身体，仍然运动自如。

第二节 ● 服装造型与廓形的关系

著名的服装设计大师克里斯汀·迪奥在20世纪50年代曾经创造了一个"Line"的时代，这里的"Line"指的是服装的外形轮廓。从某种程度上来说，所谓服装造型设计，首先应该是外形的设计，如果说服装是由细部结构和附加装饰物构成的，那么细部结构和附加装饰物只是手段，而服装外形的塑造及其所形成的整体印象才是真正的目的。服装廓形是服装设计的根本，一个设计师选择什么样的廓形，反映了他的个性与爱好，一个时代流行什么样的廓形，也反映着当时的审美观与时代感。

一、服装廓形的特点

1. 服装廓形的概念

所谓服装廓形线是指服装的外部形态的轮廓线，用平面的影绘或线描的方式来充分展示服装的整体大效果，剔除了内部的细节和具体的结构，是服装正面或侧面的投影，它强调的是服装在空间环境衬托下的立体形态特征。

服装廓形在整体服装设计中居于首要地位，服装设计师往往将对外轮廓的突破性设计作为整体设计的关键。特别是在解构主义大行其道的今天，服装廓形更是通过解构的手法被赋予新奇内容。

2. 服装廓形的种类

美国著名美学理论家鲁道夫·阿恩海姆曾说过："三维的物体的边界是由二维的面围绕而成的，而二维的面又是由一维的线围绕而成的。对于物体的这些外部边界，感观能毫不费力地把握到。"这句话说明，简洁、直观的服装廓形在人的视觉中具有首选性，服装的外形既能够体现服装的风格，也是表达人体美的重要手段。许多学者对服装的廓形作了细致的研究分析，他们从不同的角度对廓形进行了分类，如用几何形表示，可分为△、▽、⋈、▢、○等；用字母表示，可分为A形、H形、V形、X形、S形、O形等；用物态形表示，又可分为帐篷形、箱形、花冠形、桶形等。较为常用的要属字母形的表示法。

（1）A形廓形　款式上使肩部适体，腰部不收，下摆扩大，下装则收紧腰部，扩大下摆，视觉上获得上窄下宽的A字形。这类廓形往往给人以稳重、优雅、浪漫、活泼的效果。常见的服装如喇叭裤、A形裙等。A形又被称为正三角形、正梯形、帐篷形等（见图4-2）。

（2）H形廓形　以肩部为受力点，肩、腰、臀、下摆呈直线，整体造型如筒形。这类廓形简洁修长，具有中性化色彩。常见的服装如直筒裙、直筒形外套等。H形又被称为长方形、桶形等（见图4-3）。

（3）V形廓形　此类服装上宽下窄，通过夸张肩部，收紧下摆，获得洒脱、干练、威严等造型感，具有较强的中性化色彩。这类廓形在20世纪80年代极为流行，又被称为倒三角形、倒梯形、锥形等（见图4-4）。

（4）X形廓形　这是一种具有女性化色彩的廓形，款式上通过夸张肩部，收紧腰部，扩大底摆获得，整体造型优雅而又不失活泼感。X形又被称为沙漏形（见图4-5）。

▲ 图4-2　A形廓形

▲ 图4-3　H形廓形

（5）S形廓形　较X形而言，这类廓形女性味更为浓厚，它通过结构设计、面料特性等手段达到体现女性S形曲线美的目的，体现出女性特有的浪漫、柔和、典雅的魅力（见图4-6）。

（6）O形廓形　造型重点在腰部，通过对腰部的夸大，肩部适体，下摆收紧，使整体呈现出圆润的O形观感。充满幽默而时髦的气息，是此种廓形独有的特点，多用于创意装的设计。常见的生活装如孕妇装、灯笼裤等。O形又被称为椭圆形、茧形、灯笼形等（见图4-7）。

3. 服装廓形的演变

　　服装是人们依照时代精神赋予自身的外部形象。就整个服装的演变而言，服装外形轮廓的变化体现了一个时代的服装风貌，代表了一个时代的服饰文化特征和审美观念。服装流行的历史实际上是服装外廓形的变迁史，这一点在西方的服装发展史上体现得尤为显著。传统的中国社会受到封建思想的影响，其服装廓形线的变化并不大，无论是秦汉时期的深衣长袍、魏晋时期的宽衣博袖、唐宋时期的袍服，还是清朝的长袍马褂，其基本廓形都以T形为主，款式上除了局部细节的装饰变化外，整体形态没有什么大的变化（见图4-8）。而西方的服装

14. 服装廓形的演变

▲　图4-4　V形廓形

▲　图4-5　X形廓形

▲　图4-6　S形廓形

▲　图4-7　O形廓形

▲ 图4-8　T形汉衣

廓形则变化鲜明，中世纪的三角形（倒梯形）、文艺复兴时期的近似正方形、巴洛克与洛可可时期的椭圆形、19世纪体现女性曲线美的S形廓形，尤其是到了20世纪，服装廓形变化更为丰富。

20世纪初，著名设计师波尔·波阿来设计了一系列具有浓郁东方色彩的裙装（见图4-9），引起人们的关注，服装史上由此出现了"东风西渐"的风潮。人们摆脱了过去惯用的填充物、紧身胸衣，一改过去强调女性曲线美的服装廓形，向简化的服装造型转变。第一次世界大战爆发后，裙长缩短，廓形呈直线形。

20世纪20年代，著名设计师加布里埃·夏奈尔进一步简化了女装，将女性从烦琐夸张的装饰中解放出来，创造了腰部自然、不突出胸部、线条简单的便服，具有较强的男性化特点。20世纪20年代末期，擅长运用斜裁法的玛德莱娜·维奥内运用独特的斜裁方式制作出了体现女性曲线美的紧身晚礼服。

到了20世纪30年代，女装继续朝着突出形体曲线的方向发展，廓形以细长为主，裙长变长，腰线自然贴合人体，整体造型细长、合体（见图4-10）。

20世纪40年代，开始流行倒梯形的服装造型，第二次世界大战期间带有垫肩的女套装将女性带入了男性服装的世界，战争似乎让女性忘记了自己的美感，直到克里斯汀·迪奥的出现。1947年，迪奥推出了他的"New Look"，自然的肩线设计，纤细的腰部，突出的胸部，像花瓣一样绽开的裙摆，优雅的X形将女性重新带回到自己的世界中。整个20世纪50年代，迪奥相继推出了郁金香形、H形、Y形等一系列独特的造型，他的设计影响了整个时代（见图4-11）。

20世纪60年代，英国设计师玛丽·匡特设计了轰动全球的长仅在膝盖以上的超短裙，与之相应的直线形廓形成为当时的服装主流（见图4-12）。

20世纪70年代，追求自由的年轻人喜爱上了宽松肥大的服装造型，倒梯形廓形成为当时的主要流行趋势，并且一直影响到20世纪80年代，宽厚的海绵垫肩成为女性服装的视觉中心，而下装则是紧凑的直筒裙。上部宽松肥大、下摆收窄的夸张的倒梯形造型体现了职业女性自信果敢的独特气质，服装史上又一次出现了一个中性化时代。

20世纪90年代，出现了50年代的回归热潮。返璞归真、体现女性曲线美的X形造型又一次受到青睐，整体造型适体，线条流畅，女性特有的优雅气质被表现得淋漓尽致。

4. 决定服装廓形变化的因素

纵然服装的廓形千变万化，但是仍然离不开人体的基本形态。决定廓形变化的主要因素是肩、胸、腰、臀、底摆。设计师应当充分了解影响廓形变化的因素，从而指导今后的设计。

（1）肩　作为视觉的前沿，相对于其他部位，肩部的造型可变化性并不大，无论是裸肩还是耸肩，都是依靠肩部的自然形而略作的变化，对整体造型影响并不大。然而最具中性化的V形造型的造型重点则在于肩部的夸张，通过增大垫肩、扩大袖山等手法，可以起到夸张肩部的效果。20世纪80年代，著名设计师乔治·阿玛尼大胆地将传统男西服特点融入女

图4-9 具有浓郁东方色彩的裙装

图4-10 20世纪30年代服装

图4-12 穿着迷你裙的20世纪60年代明星

图4-11 迪奥的"New Look"

装设计中，将其身线拓宽，创造出划时代的圆肩造型，宽大肩部的处理成为整个20世纪80年代的风格，因而这个时代被称为"阿玛尼时代"。

（2）腰　腰部作为人的视觉中心，对服装廓形的影响最为重要，尤其是女性服装。腰部对廓形的影响主要来自腰部的松紧度和腰线的高低，腰部从宽松到束紧的变化可以直接影响到服装造型从H形向X形的改变。H形自由简洁，腰部线条呈直线形，肩、腰、臀基本同宽；而X形纤细、窈窕，腰部线条呈曲线形，突出人体线条，尤其体现女性的体型特征。腰节线高度的不同变化可形成高腰式、中腰式、低腰式等服装，腰线的高低变化可直接改变服装的分割比例关系，表达出迥异的着装情趣，并具有极强的流行性。

（3）臀　作为体现女性性别特征的重要手段，臀部的造型变化可以说是一个重点。早在16～18世纪，欧洲女性就利用裙撑、加臀垫、对臀部进行装饰等手法来夸张身体的下半部，以彰显女性魅力。当今设计中对臀部的造型变化多用于礼服，可以进一步夸张X形或S形的造型特点（见图4-13）。

▲ 图4-13　臀部造型

（4）底摆　底摆的位置和形状的变化对廓形的影响也很大。底摆的位置对服装廓形的比例产生了直接的影响。20世纪，女性裙装的底摆线的位置就历经了由高至低的数次变化，从第一个10年的长裙、20年代的至膝短裙、30年代的长及脚踝的长裙、40年代的中短裙、50年代仅露半截小腿的中长裙到60年代的超短裙等，几乎每隔十年就有一次变化。底摆的变化无疑成为时代变化和审美情趣的一个缩影。

在服装造型设计中，服装底摆的形状变化也十分丰富，如直线底摆、折线底摆、曲线底摆、对称或不对称底摆等，都可以使廓形呈现多种不同的效果。特别是女裙底摆的变化，给女裙带来了或严谨、或活泼、或优雅的风格。

（5）围度　围度体现了服装与人体之间的横向空间量，肩、腰、臀、底摆对廓形的影响都离不开围度的变化，由于服装内部空间的设置不同，对服装的廓形变化至关重要。例如洛可可时代，通过紧身胸衣和帕尼尔裙撑，收紧了腰部的空间，围度减小；扩大了腰部以下的空间，围度大大增加，整体造型极为夸张。又如，H廓形以直线为主，若将该廓形的腰部、臀部围度增大，肩、底摆不变，则H形转变为O形。

（6）其他　除了上述几种因素对廓形产生重要影响外，服装的面料质感、工艺手段、装饰手段、内部填充物等因素也会对服装廓形产生影响。如质感比较硬挺的面料适合V形、H形，而质感柔软、弹性较好的面料则适合S形造型；通过对肩部和臀部运用内部填充物或某些装饰手法可以夸张V形或X形等。

二、 服装结构线的设计

服装廓形不是凭空产生的，它除了要结合面料自身的特点外，还要注重内部结构线的设计，来强化廓形的特点，并使之符合人体生理卫生，更科学地修饰体型，更合理地体现服装的立体空间效果。

1. 服装结构线的特性

服装的形态是由服装的外部轮廓和内部的结构分割构成的，而服装的整体形态又是通过对服装内部的分割、拼接构成的。从几何学的角度来看，这些结构线是由直线、弧线、曲线组成的。直线具有简洁明了、干脆利落、硬朗的特点；弧线具有流畅、圆润、匀称的特点；曲线则具有柔和、轻盈、韵律的特点。对服装的整体外形的印象往往是通过服装的外轮廓获得的，而特点鲜明的结构线的合理运用可以起到强化服装造型特征的作用。如在男性服装或中性化服装中多以直线分割，而女性化较强的S廓形则以曲线分割来强化形象。

从设计学的角度来看，服装结构线主要分为：省道、剪缉线、褶等。这些结构线依据人体的结构及其运动规律而确定，主要围绕肩、腰、胸、臀四个部位展开，不仅要适应人体的凹凸变化，还要适应人体的运动规律，最大限度地满足人体机能的需求。通过这些结构线的运用，更好地展示服装的空间美感，修饰人体，使实用与装饰的效果达到和谐统一。

现代科技为服装面料的创新提供了更多空间，面料的可塑性与服装的造型效果息息相关，如手感硬挺的面料可塑性强，手感柔软悬垂的面料可塑性差。对于不同特点的面料，省道、剪缉线、褶的运用和处理也不尽相同，在进行造型设计时要充分考虑面料的可塑性，结合结构线的处理来获得理想的廓形效果。

2. 服装结构线的种类

（1）省道　13世纪在西欧出现了体现人体起伏曲线的立体服装，这种服装的出现缘于省道的运用。人体是凹凸不平具有曲线变化的，当把平面的面料披裹在人体上时，人体与面料之间就会产生空隙，省道的作用就是通过收掉这些空隙使服装贴合人体，使二维的面料转化为立体的服装造型。

根据人体的部位不同，省道一般分为：领省、肩省、胸省、腰省、臀位省、后背省、腹省、手肘省等。其形态多为枣核省、锥形省、平省等。

由于女性的腰部较细，胸部、臀部明显凸出，因此胸省、腰省、臀位省在女装的设计中尤为重要。胸省位于前胸部位，以乳凸为中心，向四周呈放射形。胸省的量是乳凸、前胸腰差和胸部设计量的总和，通常是左右对称的。胸省的处理对服装造型的影响非常大，当然，有时为了保持前胸部位面料纹样的完整性，也需要用肩省、腰省与之配合，使之更富于变化，丰富服装的造型。臀位省位于后臀部，女性的臀部丰腴后翘，因此需要在此处适当作省道处理，才能使裙、裤等服装适体而美观。另外，对于上下连体的服装而言，胸省、腰省及臀位省通常是设计成为一体的。

对于省道的设计，主要是用原型倾倒和剪开折叠两种方法将省道进行转移完成。根据造型的需要，省道可以是单个集中，也可以分散于各个方位；可以与外廓形协调，设计成直线、弧线或曲线形等。设计师应熟练掌握各部分的省道转移变化，以获得不同造型效果的服装（见图4-14）。

▲ 图4-14 不同的省道设计

（2）剪缉线 剪缉线又称为开刀线、分割线，它是指在服装设计中，为满足造型美的需要，将服装分割成不同的面后又缝合的线。剪缉线主要分为实用性剪缉线和装饰性剪缉线两种。前者是指为满足造型需要而进行的分割，其作用与省道相同。后者则是指在满足造型需要的同时，对剪缉线进行的装饰性的处理，使其具有实用性与装饰性的双重作用，以满足设计的多种需要。

服装的剪缉线可以分为六种基本形式：垂直剪缉、水平剪缉、斜线剪缉、曲线剪缉、各种剪缉线变化剪缉以及非对称剪缉。

① 垂直剪缉 服装中的垂直剪缉线具有引伸人的视线，强调高度的作用，尤其是分割后形成的狭长的面，给人以修长、挺拔的美感。值得注意的是，少量的垂直剪缉可拉长人的视线产生高度感，但如果垂直剪缉成群排列，就会将人的视线向左右引伸，产生横宽感，这源于人的视错觉。因此所谓的"竖线条显高"不是绝对的，而是取决于垂直剪缉的数量、间隔的大小、剪缉的粗细、装饰效果等。垂直剪缉多出现于服装中的公主线、背缝线、侧缝线等，通过这些线的分割缝合，可根据需要得到理想的造型效果。

② 水平剪缉 服装中的水平剪缉线具有引伸人的视线，强调宽度的作用，多出现于前胸、后背以及腰节、下摆处（见图4-15）。少量的剪缉线所形成的面给人以稳定、柔和之感；剪缉线越多，则给人以律动感，易将人的视线作上下引伸产生高度感，其效果与垂直剪缉恰好相反。

③ 斜线剪缉 斜线的存在往往给人以轻盈、灵动的动感效果。在设计中，斜线剪缉的运用主要在于倾斜度的处理。倾斜度小于45°，接近于垂直线的剪缉，在视线上具有增高的作用；而倾斜度大于45°，接近于水平线的剪缉，在视线上则具有横宽感；倾斜度恰好是45°的剪缉，如上所述，动感效果极强，且可以修饰某些体型上的不足，无论体形偏胖还是偏瘦都是极好的选择，因此被称为"万能剪缉"。在现代设计中，设计师较多地采用这种斜线剪缉，并且将其与省道巧妙结合，以强调服装的时尚感，尤其是在裙装的设计中较多运用，极大地丰富了视觉效果（见图4-16）。

▲ 图4-15 水平剪缉

④ 曲线剪缉 曲线运用于服装中给人以柔和、优美之感，极易体现女性的柔美气质。曲线剪缉就是利用其本身独特的装饰作用将短而不连贯的省道连接起来，从而产生优雅别致的美感（见图4-17）。

⑤ 各种剪缉线变化剪缉 各种剪缉线变化剪缉是将垂直线、水平线或曲线结合交叉使用，以达到丰富而生动的设计效果（见图4-18）。

⑥ 非对称剪缉 这是一种较自由灵活的剪缉形式，它通过对省道、各种风格的剪缉线的结合使用，打破惯用的左右对称的法则，以不对称的形式给人以意外之感。这类剪缉形式往往在平稳中寻求变化，使整体造型产生新奇、刺激的效果（见图4-19）。

在对剪缉线进行设计时，可将这些缝合线进行装饰处理，如滚边、嵌条、缀花边、荷叶边等，分割后的面亦可进行色彩、图案、面料质感的不同配置，以获得意想不到的效果。作为一名合格的设计师，只有具备服装美学与结构工艺学的娴熟技巧，才能变化自如，使审美与实用完美契合。

（3）褶 除了上述的结构线外，装饰性较强的褶也属于结构线。褶是三维立体服装的

▲ 图4-16　斜线剪缉　　　　　▲ 图4-17　曲线剪缉

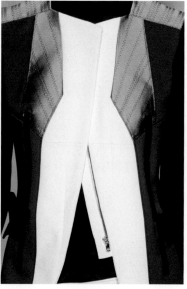

▲ 图4-18　各种剪缉线变化剪缉　　　　　▲ 图4-19　非对称剪缉

不可或缺的造型手段。在二维的面料平面上打上或多或少的褶皱，就赋予了这块平面面料三维造型的本质，使它具备了披挂在人体上就能自主塑造三维空间的能力。因此褶裥同省道一样，具有收缩空间使服装适体的作用。褶通常分为有规则的褶和无规则的褶两大类。

　　有规则的褶指的是经处理后，褶与褶之间表现为一种规律性，如褶的大小、间隔、长短是相同或相似的。根据其折叠方式的不同，可分为顺褶、对合褶、缉线褶等。这些有规则的褶往往给人以规律感、节奏感、刚劲挺拔感，活泼之中不失稳重的风格，多运用于职业装、休闲装的设计中。

　　无规则的褶又可分为细皱褶和自由褶。所谓细皱褶是指用大针脚缝后抽线形成的细而不十分规则的碎褶，通常不固定。也可用橡皮筋作底线来获得这种细皱褶。自由褶则是指利用面料的悬垂性或经纬斜度自然形成的褶，或者是较宽松面料直接围裹身体而形成的褶。女装中的圆台裙、波浪领均属于自由褶裥。无论是细皱褶还是自由褶，多运用于女装及儿童装的设计，常给人以浪漫、流畅、动感十足的效果（见图4-20）。

15. 褶纹运用1　16. 褶纹运用2

　　褶所形成的线虚实相生，既可修饰形体，又可局部装饰，对于服装在三维空间中的造型赋予更多的形式美感，在现代服装设计中较多运用。

▲ 图4-20　褶的运用

第三节 ● 常见的服装造型手段

　　这里所提到的服装造型手段，是指在不考虑面料、色彩的因素下，以人体为基本形，通过一定的辅助材料和工艺手段，塑造出三维立体服装形象，以获得理想的造型效果。

一、填充法

　　1550~1620年的西班牙风格时代，又被称为"填充"的时代。这个时代不仅女装造型强调宽肩、细腰、圆臀，男装的躯干部分也向横、宽方向扩张。因此当时尤其是男子的肩、胸、腹、袖和胡斯裤的华丽丝绸下面，填充的是各种各样的干草、破布、羊毛甚至谷糠，以显示某种隆重、威严的气势。现代服装设计中仍有许多设计师运用一定的填充材料，在服装的肩部、臀部、下摆等位置进行造型设计，以夸张的手法塑造形象，给人以深刻印象（见图4-21）。

二、缠裹法

这是一种古老的造型方法，早在古希腊就已经广泛应用。当时的服装无固定的结构制式，仅仅是一块方形的衣料，根据穿着者的身高及所要形成的款式，在织机上织成，然后以人体为模架，衣料不经裁剪，以不同的方式披挂、围缠在身上，形成不同的款式风格。这种包缠形的服装，以简洁、明晰为特色。当然，在现代服装设计中，在缠裹之前也可根据需要进行适当的剪裁，并与其他造型手段结合运用。设计师常利用缠裹法来体现一种自然回归的时尚风格，具有极强的怀旧气息（见图4-22）。

三、堆积法

所谓堆积法是指为突出服装某一部分的造型而使用的夸张手段。它是将规则或不规则的各种形态进行重复堆叠、累积，形成膨胀的造型外观，给人以深刻印象（见图4-23）。

▲ 图4-21 填充法　　　▲ 图4-22 缠裹法　　　▲ 图4-23 堆积法

四、折叠法

在进行服装造型时，设计师往往为了表现服装的节奏感，将面料折叠成数个相同的几何元素，使这些几何元素重复出现，产生反复的效果，这就是折叠法。折叠后所形成的形状、方向、位置等不同，其形式美感也不同（见图4-24）。

五、支撑法

这也是一种传统的造型方法，维多利亚时代的女人就用鲸骨作裙撑制造出优美的造型。支撑法是在服装内用一些支撑材料加大服装某一部分的体积感，强调轮廓特点。支撑法与填充法都能起到夸张某一部位造型的效果，所不同的是运用的材料之间的区别。前者是用鲸骨、金属丝、藤条、竹篾作支撑物，而后者使用的是棉花一类较柔软的填充物。支撑法多用于婚纱、礼服及创意装的设计（见图4-25）。

六、剪切法

对服装中的某一部分进行剪切但不断开而形成缝隙，以打破服装的沉闷感，增强透气感。剪开处所形成的断裂感，具有破坏意味，时尚前卫。这种方法常运用于创意装的设计（见图4-26）。

▲ 图4-24　折叠法　　　　　　　　　▲ 图4-25　支撑法

▲ 图4-26　剪切法

七、镂空法

镂空法常用于对女装风格的塑造，它是通过剪缉、抽纱、打孔、图案透刻等方式对面料进行改造，从而对造型产生一定的影响。这种方法产生的效果看似平面，手感却是立体化的，镂空后部分显露的可以是皮肤色也可以是内衣色，使服装产生丰富的层次感，是较常用的造型方式（见图4-27）。

八、系扎法

运用绳或带等工具对服装的某些部位进行系扎，以改变服装的形态，增强服装的局部变化；系扎后形成放射性的褶皱线，虚实结合，成为视觉焦点。也可在系扎处作镶坠装饰，以强调系扎处的视觉效果（见图4-28）。

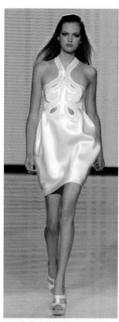

◀

图4-27　镂空法

▶

图4-28　系扎法

思考与练习

1. 试分析男女体因体型特征的不同带给服装造型外观上的差异。

2. 分别整理男装与女装设计中常用的结构线，并分析其在人体比例塑造上的作用。

3. 使用填充法、缠裹法、堆积法分别设计三款礼服裙。

4. 分别使用剪切法、镂空法、支撑法设计三款创意装。

第五章
服装的局部设计

学习目标

1. 掌握局部设计与整体设计的关系，注重整体性。
2. 熟练掌握服装的局部设计，做到得心应手。

服装的局部设计又可称为服装的部件设计或服装局部造型，主要指对服装领、袖、袋及门襟、下摆等的设计。服装的局部设计是服装设计的重要组成部分，是整体服装的"点"和"眼"。

第一节 ● 服装局部设计与整体设计的关系

在服装的整体造型设计中，局部设计是完备和加强服装功能性，丰富和完善服装形式美的重要步骤，任何一件服装都离不开局部细节的搭配使用。局部的设计，要根据功能与审美的要求，结合整体造型，运用形式美的法则，进行创造性的构思。

然而，局部的设计不是孤立存在的，它依附于整体造型，为整体造型服务，整体造型又因局部细节的变化而丰富，两者相辅相成，互不可缺。在当今流行舞台上，局部设计是服装造型设计的重要内容，也是设计师所关注的。

对服装的局部设计要考虑与整体设计的关系，注意局部细节在整体中的布局；局部细节与整体之间的大小、比例、形状、位置及风格上的协调统一，力求创新。如领子、衣袖、口袋的设计，在其形状、构造线的运用及面料、色彩的变化上就要考虑到与整体廓形、面料、色彩的映衬关系，既要注意几者之间的协调性，又不能过于呆板、缺乏新意。同时，服装局部本身的造型及结构变化也是非常丰富的，设计师不能只注重对某一点的设计，而应注意对款式的整体把握，只有对各个局部细节做到细致的了解和运用，设计时才能游刃有余，得心应手。

第二节 ● 服装部件的设计

服装部件主要包括衣领、衣袖、口袋、装饰附件等。

一 领子的造型

领子处于服装的上部，在人的视觉中具有优选性，是服装造型设计中较为重要的部分。领子离人的面部最近，对于人的脸型具有修饰作用，同时具有平衡和协调整体形象的作用，是服装款式设计的基础。其构成因素主要有：领线形状、领座高低、翻折线的形态、领轮廓线的形状及领尖修饰等。

1. 领口

领口又被称为领圈、领线或无领。此种领型无领座和领面，其特点是造型简单，易显示颈部的美感，多用于内衣、裙装、童装、衬衫等的设计。设计时可做装饰变化，如滚边、绣花、镂空、拼色、镶花边、加条带、飞边等。领口的基本形态有圆领口、方领口、一字领口、鸡心领口、"！"形领口等（见图5-1）。

（1）圆领口　领线为圆形，设计时领线可为圆形或椭圆形，可根据情况变化圆形的大小。

（2）方领口　领线为方形，可为正方形也可为长方形，若是长方形，可设计为纵向或横向。

（3）一字领口　前后领线为一字形，呈水平线状态。

（4）鸡心领口　领线呈鸡心形状，即下部尖、上部成圆弧状，也被称为桃形领。

（5）"！"形领口　领线外形如符号"！"，设计时可变化开口大小。

2. 立领

这是一种只有领座而无领面的领型，又被称为竖领。该领型造型别致，给人以利落、精干、严谨、端庄、典雅的效果。西方国家认为立领具有东方情调，尤其是在我国传统的旗袍、中式便服中，立领是最具标志性的部分，另外在少数民族服饰中也是最为常见的领型。常见的基本立领如中式领、连立领、卷领、单立领等（见图5-2）。

（1）中式领　中式服装的常用领型，其形式为领座紧贴颈部周围，领角多为圆形。

（2）连立领　此种领型的领子部分与衣身连成一体，又称为连衣领、连身领。

（3）卷领　运用斜裁的方式，形成柔和、流畅的领型。

（4）单立领　整体领型为一条状结构，可用于男装中的夹克等休闲装的设计。

3. 翻领

翻领的基本造型是领面向外翻折。翻领的形式多样，变化丰富。常见的如平翻领、立翻

▲ 图5-1 各种领口设计

▲ 图5-2 各种立领设计

领。因领角的不同又有圆领、方领等。因形状不同又有马蹄领、燕尾领、波浪领、铜盆领等。翻领因式样的不同，呈现各种风格，可用于不同的设计（见图5-3）。

（1）平翻领 该种领型无领座，领面与领线直接相连，外翻平展贴肩，可强调肩部与胸部的宽度。设计时可对领口、领面的大小和形状等进行变化。

▲ 图5-3　各种翻领设计

（2）立翻领　领面外翻后紧贴领座。此种领型是中山装的标志领型，另外多见于衬衫领型，显示朴实、严谨的风格。

4. 驳领

驳领由领座、翻领及驳头三部分组成。其衣领部分与驳头相连，两侧向外翻折，前门襟敞开形成V字状，是西服的典型领型。驳领的式样众多，造型讲究，对工艺要求严格，要做到驳头与领子的前半部分平坦贴体，达到合体、平展、挺括、流畅的外形效果。驳领的式样与领座高度、翻折形态、驳头、领子与驳头外缘的缺口的造型等多种因素有关。基本式样有平驳领、枪驳领、倒驳领、连驳领等（见图5-4）。

（1）平驳领　一种驳头稍向下倾斜的领型。
（2）枪驳领　这种领型的特点是驳头的尖角向上翘。
（3）倒驳领　领角向下的领型。
（4）连驳领　领面与驳头相连成一体，如青果领、丝瓜领等都属此类。

▲ 图5-4　各种驳领设计

5. 创意领型

日新月异的时尚流行赋予服装更为丰富的形式变化，善变的设计师早已不再满足已有模式，于是各种创意领型层出不穷，或各种领型的组合运用、或不对称的变化、或颇具解构意味的无厘头表现，都成为当今服装的创新点（见图5-5）。

▲ 图5-5 创意领型设计

知识窗

完美西装的细节

西装是目前国际通用的正式场合着装，穿着后显得典雅大方，所以深受各国各界人士的喜爱。西装有着悠久的历史，它最早产生于欧洲，讲究整体造型、做工的考究优美以及对穿着细节的严格遵循。

（1）领子　西装的领子主要有平驳领和枪驳领两种，主要区别在于驳口位置的不同及整体领型的宽窄变化。领型决定了西装的款式，每个人都可以根据自己的喜好，选择不同的领型。翻领的驳位在视觉上可以调整身高，高个人士可选择低一些的驳位，反之则高一些；一般东方人的脸型比西方人大且扁平，宽领会比较适合。领子必须通过工艺手段使其自然贴附于胸前，不允许烫死，并且绝对不允许翘起来。衬衫领要略高于西装领约1厘米，必须能够显露出来。

（2）纽扣　西装有双排扣、单排扣、三粒扣、两粒扣、一粒扣等区别。今天，大部分西装都已采用塑料扣，颜色选择多，成本也低。但是真正经典的西装仍然会坚持使用一些传统质地的扣子。比如有一种扣子的原料是意大利特产的坚果,除去果肉,用果核切片、打磨、钻孔,全手工制作。另外,如果袖扣间隔开很大距离,一定是流水线加工的大路货。经典西装的袖扣一定是紧密并排的,这意味着真正手工缝制的价值。西装纽扣的系法较为讲究:穿双排扣西装时,一般要将扣子全部扣上,否则,会使人觉得轻浮;双排六扣西装最上面两粒是样扣;单排两扣西装,穿着时一般只扣上扣,下面一粒扣属样扣,当然,也可全部不扣,以显示潇洒之感;单排三扣西装,只扣中间一粒或不扣,第一、三粒为样扣;至于一扣西装,扣与不扣均可。

(3)口袋　西装的外袋,包括手巾袋和两侧的暗插袋,都是属于装饰性的衣袋,不宜放置过多的物品,否则会给人以不雅之感。小件物品如钢笔、票夹等,都应存放在内插袋中(即封在内夹里的衣袋)。

(4)剪裁　真正经典西装的剪裁并不仅仅是"版型",而是运用所谓"帆布剪裁"的方法,即在面料和衣里之间,有一层手工缝纫的衬,为保持弹性,还加入马鬃等物料,这才是一件西装的灵魂。如今能够坚持手工缝纫衬的西装制造商寥寥可数,市面上绝大部分的西装多使用粘合衬,较容易变形,做工相对便宜。

二、衣袖的设计

衣袖是上衣的重要组成部分,处于主体部位,因此其造型和形态对衣身的造型效果影响也非常大,基本形态为筒形。设计时要注意与服装整体造型的统一协调。袖子的种类繁多,可以从不同的角度分类。如按袖长分类有长袖、中袖、半袖、盖袖、无袖;按袖型分类有灯笼袖、马蹄袖、花苞袖、喇叭袖等;按袖片分类有一片袖、两片袖、多片袖、二节袖、三节袖;按结构分类有无袖、连袖、装袖、插肩袖,这里主要分析这四类袖型(见图5-6)。

▲　图5-6　各种袖型设计

1. 无袖

这是一种无袖片，以袖窿作为袖口的袖型，又被称为肩袖。无袖造型简单，给人轻松、活泼之感，多用于女裙装的设计，展示女性修长的手臂。设计时可在袖窿处做工艺处理和装饰点缀，也可对袖窿位置、形状、大小进行变化。

2. 连袖

指衣袖相连、有中缝的袖子，肩部没有拼接线，肩形圆顺平整，亦被称为连衣袖、连身袖、连裁袖。中式上衣多采用这种袖型。袖身与肩线呈水平线，可略有角度，直线裁剪，衣袖下垂时，腋下形成柔软褶纹，因此宜用柔软面料。此种袖型线条流畅柔和，高雅优美，具有东方情调。

3. 装袖

此种袖型是衣身与衣袖分开剪裁后再缝合，其形态根据人的肩部与手臂的结构设计，完全符合肩部造型，立体感强，也称为接袖。装袖造型的关键在于肩部的变化、袖身的形状、袖口的设计。装袖的种类繁多，如常见的平装袖、圆装袖、羊腿袖、泡泡袖、灯笼袖、花瓣袖、主教袖、垂褶袖等均属于装袖。其中平装袖和圆装袖是最基本的两种，两者结构相同。前者袖根围度相同，袖身为筒形，肥瘦适休，一般袖山高则袖根瘦，袖山低则袖根肥；后者袖山较低，袖窿弧线平直，袖根较肥，肩点下落，又被称为落肩袖。

4. 插肩袖

这是一种介于装袖与连袖之间的袖型，其袖片从腋部直插到领口，或称为过肩袖、插袖、装连袖。这种袖型造型线条简练，既有连袖的洒脱自然又有装袖的合体舒适，多用于运动休闲装、大衣、外套等的设计，设计点在于衣身与插肩袖袖山的拼接线的变化上。

在袖型的造型变化中，袖山高低、形状，袖身长短、肥瘦、横竖分节、抽褶，袖口大小、口形、边缘装饰等的设计是关键，同时还要考虑到与服装整体造型的统一协调。在通常情况下，较为紧身合体的服装适合用装袖，衣身肥大宽松的服装适合用连袖或插肩袖。当然，袖型与服装主体既可以协调，也可运用对比的形式获得更为独特的效果，比如将装袖设计成宽松的泡泡袖搭配紧身的衣身，形成强烈的对比感，强调时尚性。因此，应掌握不同袖型的变化特点，以便在服装的整体搭配设计中做到得心应手。

5. 创意袖形

袖子作为上半身的设计重点，往往会被设计师进行各种创意变化，这一类的创意设计多在袖形的变化、不对称设计、袖片分割变化、拼装连接等方面做文章，因此而带来服装整体造型的视觉冲击效果（见图5-7）。

▲ 图5-7　袖子的创意设计

三、衣袋的设计

衣袋又被称为口袋或衣兜，是服装的主要配件，既具有实用功能，又具有装饰功能。衣袋的变化丰富，可以增加服装整体造型的层次感、立体性、趣味感。设计要点主要在于其位置、形状、结构、大小、材质、色彩、工艺手段等方面。衣袋种类繁多，依据其结构特点来分，主要有贴袋、挖袋、插袋（见图5-8）。

1. 贴袋

指将面料剪成一定的形状直接贴缝于服装的表面，口袋的形状完全裸露于外，又称为明袋或明贴袋。贴袋依其造型又可分为立体贴袋、平面贴袋两种。由于其形状附在服装外面，易吸引人的视线，因此装饰效果极强，对服装的整体风格产生较大的影响。

2. 挖袋

此种衣袋是根据整体设计的需要，在服装的某一部分剪开，形成袋口，袋布衬于内侧，

▲　图5-8　各种衣袋的设计

又称为开袋、暗挖袋。设计变化主要在于挖袋的开口中，有横开、竖开、斜开、单嵌线、双嵌线等多种变化。挖袋造型简单明了，但对工艺要求比较高。

3. 插袋

这是一种设计在服装结构线上的衣袋形式，在结构缝线上留出袋口，在前后两层衣片之间加衬袋里布。插袋的袋口与结构线浑然一体，工艺要求高，在我国用于高档服装，显示出高雅、精致、含蓄的特点。也可在袋口外采用镶边、嵌线、加袋口条、缝袋盖、加花边等装饰进行设计变化。

4. 衣袋的创意设计

作为兼具实用功能与装饰功能的衣袋，在服装设计中往往起到意想不到的点睛作用，许多设计师擅长运用衣袋的装饰效果增加服装的设计点，通过口袋外形和位置的变化、配置赋予服装更多的时尚感（见图5-9）。

如前所述，口袋兼有实用功能与装饰功能。在现代服装流行中，也有单纯强调装饰功能的假口袋设计，这种口袋完全是为了强调整体风格而存在，无实用意义。另外，随着实用需求的不断变化，还出现了卡片袋、手巾袋、眼镜袋等，这些袋型多位于上衣的内侧，实用性强。

▲　图5-9　衣袋的创意设计

四、其他局部设计

除了上述的衣领、袖子、衣袋是服装的重要部件外，服装整体造型中，还涉及其他诸多方面，如门襟、腰位、纽扣、袢带、下摆等。这里仅对门襟、腰位设计作简要分析。

1. 门襟设计

门襟处于上衣前身部位，从造型上可分为对称式和非对称式两种。

对称式门襟以服装前身的中心线作为门襟位置，服装呈左右对称状态。这是最常见的门襟形式，给人以规律、安静、端庄之感。

非对称式门襟则是门襟线离开前身中心线偏向一侧，产生不对称的美感，也称偏门襟，给人以活泼、生动的均衡美。

门襟的设计手法多样，可做位置的变化、自身形状的变异、与剪辑线结合、与整体造型线结合处理等，但总体来说，门襟的设计要与服装的整体风格相协调，要以布局合理、美观舒适为原则（见图5-10）。

2. 腰位设计

腰位是与下装相连的部位，在现代流行中，腰部的设计是备受瞩目的，也是下装设计的重点。依照腰线高低的不同，腰位可分为中腰位（标准腰位）、高腰位、低腰位。腰位的高低设计，可以造成错视，调节身材比例。

高腰多是以胸部以下腰部以上为设计点，腰节线提高，下肢易显修长。低腰设计则是将腰位下移到人体的胯部位置，以显示人体腰部的美感。低腰设计颇具流行感，近年来在女性

▲ 图5-10 门襟设计

的裙装、裤装中被广泛应用，并配以个性的金属装饰，时尚味浓厚。中腰位（标准腰位）的设计则强调标准的比例感，端庄而优雅（见图5-11）。

腰部的设计又有上腰和无腰之分。无腰是指腰头与裙（裤）片连裁形成流畅的线条，造型简洁；上腰则是腰头与裙（裤）片裁后再缝合，这种设计相对较自由，可对腰头做收省、抽褶、装纽扣等装饰设计。

在服装部件细节的设计中，虽种类系列繁多，但各具特性。设计师应对各种附件的特点了如指掌，合理运用。像一些微小的附件就可在整体风格中起到画龙点睛的作用，如一枚精致的纽扣、一条浪漫的花边、一张个性的标牌，都可以起到强调服装风格的作用。当然，对比效果的运用在近两年的流行舞台上也层出不穷，如镶有水钻和刺绣的牛仔裤、奢华的毛皮外套上的金属钩环，无不显示着强烈的碰撞美。

▲ 图5-11　腰位设计

思考与练习

1. 设计二十款不同的领型。

2. 结合近年来女装的流行趋势，设计二十款时尚的袖型。

3. 收集优秀的衣袋设计实例，分析衣袋设计与整体设计之间的关系。

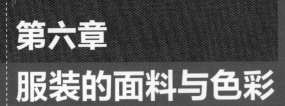

第六章
服装的面料与色彩

学习目标

1. 掌握造型、面料、色彩等要素，了解服装设计的综合性，增强设计概念的整体性。
2. 掌握流行色的成因、传播途径以及如何在实践中使用流行色。

款式、色彩、面料是服装设计的三大要素，而面料是服装构成的物质基础，有了良好的造型与结构设计，还需要选择相应的材质与色彩，才能使构思得到完美体现。因此，如何从审美和科学两个方面充分发挥材料的性能和特色，正确选择、运用面料的材质与色彩，是设计中的关键环节。面料的色彩、图案、纹理、质感和弹性、悬垂性等性能又对服装的外观起了决定性作用（见图6-1）。

第一节 ● 常见的服装面料

一、面料的常用材质

面料的材质指的是材料与质地两个方面。材料是指面料的原料类别，如棉、麻、丝、毛、涤纶、腈纶等；质地是指面料的纹理结构和性质，如厚薄、轻重、粗细、光泽、毛绒等。

1. 棉织物

棉织物是由棉纤维纺纱织制而成的面料，具有保暖性好、吸水性强、透气、耐磨、柔软舒适的性能。由于棉花产量高、价格低、环保性强，因此棉织物是最为普及的大众化面料。棉织

▲ 图6-1 面料的色彩、图案等性能对服装外观的作用

物品种非常多，常用的有平纹类的平布、麻绸，斜纹类的卡其、华达呢，缎纹类的直贡缎、横贡缎，色织布类的牛津布、劳动布，起绒类的平绒、灯芯绒等，可供一年四季选择穿用。不同的棉织物由于织造与后整理的不同而具有不同的风格特征。如平布质地紧密、细腻平滑（见图6-2）；斜纹布（见图6-3）、牛津布（见图6-4）厚实粗犷、立体性强；高级府绸细密轻薄、手感柔滑；平绒布外观平整、不易起皱。此外，还有如绉绸般表面凹凸不平的棉布（见图6-5）。

2. 麻织物

麻织物是由麻纤维织制而成的面料，主要有亚麻织物、苎麻织物两种。麻织物强度高，吸湿性好，放湿也快，不易产生静电，热传导率大，散热迅速，凉爽挺括。麻织物色彩一般比较浅淡，质地朴实，但褶皱恢复性能较差，所以使用范围较受局限，可用来表现返璞归真、随意自然的风格（见图6-6）。

3. 丝织物

丝织物是以蚕丝为原料织成的面料，主要有桑蚕丝与柞蚕丝织物两种。桑蚕丝织物具有明亮、柔和的光泽，手感细腻轻盈，质感华丽高贵，属高档服装面料。柞蚕丝织物比较粗糙，手感柔软，坚固耐用，适合于中低档服装的制作。真丝面料历来是人们心目中的"面料皇后"，其独特的使用性能和审美价值是其他纤维品种无法比拟的。真丝的吸湿性、透湿性很强，保暖性也比棉、麻略高。真丝制品（见图6-7）在我国经过了几千年的发展，品种已

▲ 图6-2　平布

▲ 图6-3　斜纹布

▲ 图6-4　牛津布

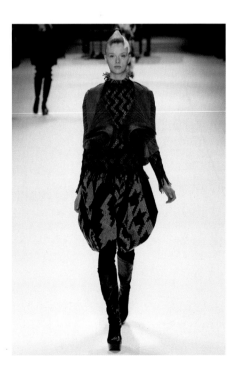

▲ 图6-5　凹凸不平的棉布

知识窗

天然彩棉

天然彩棉是采用现代生物工程技术培育出来的一种在棉花吐絮时纤维就具有天然色彩的新型纺织原料。长期以来，人们只知道棉花是白色的，其实在自然界中早已存在有色棉花。这种棉花的色彩是一种生物特性，由遗传基因控制，可以传递给下一代，就像不同人种的头发有黑、棕、金黄一样，都是天生的。

彩棉对皮肤无刺激，符合环保及人体健康要求。由于棉纤维的回潮率较高，不起静电、不起球，因此彩棉能吸附人体皮肤上的汗水，使体温迅速恢复正常，真正达到透气、吸汗的效果。由于彩棉未经任何化学处理，某些纱线、面料品种上还保留有一些棉籽壳，体现其回归自然的感觉，非常符合现代人生活的品位需求，因而现代产品开发充分利用了这些特点，做到色泽柔和、自然、典雅，风格上以休闲为主，再渗透当季的流行趋势。

21世纪环境保护成为全人类关注的主题。彩色棉制品在纺织过程中减少了印染工序，有利于人体健康，迎合了人类提出的"绿色革命"口号，减少了对环境的污染。世界棉花生产大国纷纷加紧了对彩色棉花的研究开发。我国新疆天彩科技股份有限公司抓住机遇，采用现代生物工程技术培育出了具有世界领先水平的彩棉新品种——"新彩棉1号""新彩棉2号"。该品种被新疆农作物品种审定委员会审定命名，是国内首次通过审定命名的彩棉新品种。该品种已被大面积推广种植，其品质达到甚至超过陆地棉，有助于打破发达国家"绿色贸易壁垒"，为我国的纺织业出口开辟一条"绿色通道"。

十分丰富，常见的品种有乔其纱、斜纹绸、双绉、塔夫绸、织锦缎、双宫绸、金丝绒等。

4. 毛织物

毛织物是以动物毛为原料制成的面料，主要有羊毛织物、兔毛织物、驼毛织物等，其中以绵羊毛使用最广。毛织物具有良好的保湿性和伸缩性，布面光洁，手感柔软，褶皱恢复性较好，感觉庄重、大方、高雅，是一种高档的服装面料。精纺毛织物有凡立丁、派力司、马裤呢和花呢等，这类织物质地紧密，织纹清晰，色彩鲜明柔和，手感柔软，挺括而有弹性。

▲ 图6-6 麻织物纤维织制而成的面料

▲ 图6-7 真丝制品

丝绸之路

中国是世界上第一个养蚕制丝的国家，是丝绸的故乡。丝绸之路是历史上横贯欧亚大陆的贸易交通线。

西汉时张骞通西域后，正式开通了从中国通往欧、非大陆的陆路通道。这条道路，由西汉都城长安出发，经过河西走廊，然后分为两条路线：一条由阳关，经鄯善，沿昆仑山北麓西行，过莎车，西逾葱岭，出大月氏，至安息，西通犁轩（jiān，今埃及亚历山大，公元前30年为罗马帝国吞并），或由大月氏南入身毒；另一条出玉门关，经车师前国，沿天山南麓西行，出疏勒，西逾葱岭，过大宛，至康居、奄蔡（西汉时游牧于康居西北即成海、里海北部草原，东汉时属康居）。

在经由这条路线进行的贸易中，中国输出的商品以丝绸最具代表性。19世纪下半期，德国地理学家李希霍芬（Ferdinand von Richthofen）就将这条陆上交通路线称为"丝绸之路"，此后中外史学家都赞成此说，并沿用至今。

粗纺毛织物有海军呢、大衣呢、法兰绒、长毛绒、粗花呢，其特点是质地厚实，手感柔软，弹性丰富，保暖性好，不易变形。由于毛织物具有优良的保暖性，常用于春、秋、冬三季的服饰产品设计（见图6-8）。

5. 化纤织物

化纤织物是指采用天然或人工合成的高聚物为原料，经化学与机械加工制成纤维，由纤维再加工而成的面料。化纤织物具有稳定性好、保暖耐穿的特点，但吸湿透气性较差。因其价格比较便宜，是平民化的织物。化纤织物主要分为人造纤维和合成纤维两类。人造纤维织物有人造棉布、人造丝、人造毛呢等，合成纤维织物有涤纶、腈纶、锦纶、氨纶等。由于有些化纤织物透气性差，与皮肤之间的触感不好，穿在身上不舒适，因此人们不断加以改进，研究新的化学纤维。例如一些化纤织物模仿了天然纤维织物的效果，如人造毛、仿鹿皮等。随着科技的发展，化纤面料进一步追求"天然化"的趋向，如近年来研制的大豆蛋白纤维、玉米纤维、竹纤维等新型环保可再生的品种，为服装设计带来更多的选择（见图6-9）。

6. 混纺织物

混纺织物是指由各种纤维混合纺织而成的面料。主要包括天然纤维同天然纤维混纺、天然纤维同化学纤维混纺、化学纤维同化学纤维混纺（见图6-10）。例如，莱卡是具有高强力的纤维，可用棉、麻、丝、毛及化学纤维混纺，使织物在保持本来特性的同时增加弹性，甚至在皮革上都可黏合富有莱卡的涂层。又如，将羊毛与棉混纺可产生不规则的表面织纹，产生沙砾状的肌理效果。

▲ 图6-8　毛织物的不同质感

▲ 图6-9　色彩艳丽的化学纤维面料

▲ 图6-10 混纺织物

新型环保可再生的化学纤维

（1）竹纤维　竹纤维是利用竹子为原料，经特殊的高科技工艺处理制取的再生纤维素纤维。由于竹子在生长的过程中，没有任何污染源，完全来自于自然，并且竹纤维降解后对环境没有任何污染，又可以完全地回归自然，故该纤维被称为环保纤维。竹纤维吸放湿性能极好，具有优良的着色性，色彩鲜艳，悬垂性好，回弹性和耐磨性比黏胶纤维好，具有天然的抗菌性能，抗菌率达到73%。将竹纤维与其他种类的纤维进行特定比例的混纺，既能体现其他纤维的性能，又能充分发挥竹纤维的特性，给针织面料带来了新的特色。纯纺、混纺的纱线（与天丝、莫代尔、排汗涤纶、负氧离子涤纶、玉米纤维、棉、腈纶等纤维进行不同种类不同配比的混纺），是针织贴身纺织品的首选面料。

（2）玉米纤维　聚乳酸纤维（PLA）由于生产原料乳酸是从玉米淀粉制得的，故也称为玉米纤维，由美国著名的谷物公司Cargill公司研制成功。1997年该公司和美国Dow Polymers公司合股成立了 Cargill Dow Polymers公司，全力发展聚乳酸原料。目前，商业化生产的PLA纤维是以玉米淀粉发酵制成乳酸，经脱水聚合反应制得聚乳酸酯溶液进行纺丝加工而成。PLA纤维原料来自于天然植物，容易生物降解，是新一代环保型可降解聚酯纤维。PLA纤维织物手感柔软，有良好的回弹性、抗皱性和保形性，阻燃性好，防紫外线，折射率低，染色制品显色性好，但存在耐磨性差的缺点。

（3）牛奶纤维　牛奶纤维的原料是从液态牛奶制成奶制品后的奶粕中提取的，经过一系列处理后制成牛奶长丝或短纤维。这种面料具有特殊的生物保健功能。它富含保湿因子，能保养与改进皮肤肤质，是内衣的上佳面料。

牛奶纤维产品内含各种氨基酸达17种之多，贴身穿着有润肌养肤的功效；此外，它还具有天然持久的抑菌功能，抑菌率达到80%以上，对有害皮肤的杆菌、球菌、霉菌均有抑制作用。用牛奶纤维织造的面料质地轻盈、柔软、滑爽、悬垂，穿着透气、导湿、爽身，布料经多次洗涤颜色仍能鲜艳如新，比棉纱（高支）、真丝强度高，防蛀、防霉，故而更加耐穿、耐洗、易储藏。

知识窗

世界第八大人造纤维——大豆蛋白纤维

1990～2001年，李官奇成功研制了第一种由中国人发明的人造纤维——大豆蛋白纤维。这种纤维被誉为"世界第八大人造纤维"，并被载入世界人造纤维史册。目前已申请各种发明专利21项，其中8项已获专利证书或授权证书，同时在60余个国家申报了国际专利。

大豆蛋白纤维以从大豆中提取的蛋白质与高聚物为原料，采用生物工程等高新技术处理，经湿法纺丝而成。其原料来源充足且成本很低，一吨大豆蛋白纤维的价格约为羊绒的1/10。因其具有良好的保暖性、柔软性和吸湿性，有着羊绒般的柔软手感，被业内誉为"人造羊绒"。大豆蛋白纤维有着蚕丝般的柔和光泽、棉的保暖性和良好的亲肤性等优良性能，还有明显的抑菌功能，被誉为"新世纪的健康舒适纤维"。

以50%以上的大豆蛋白纤维与羊绒混纺成高支纱，其效果与纯羊绒一样轻盈、柔软，能保留精纺面料的光泽和细腻感，增加滑糯手感，是生产高级西装和大衣的理想面料；与真丝交织或与绢丝混纺制成的面料，既能保持丝绸亮泽、飘逸的特点，又能改善其悬垂性，消除产生汗渍及吸湿后贴肤的特点，是制作睡衣、衬衫、晚礼服等高档服装的理想面料；与亚麻等麻纤维混纺，是制作功能性内衣及夏季服装的理想面料；与棉混纺的高支纱，是制造高档衬衫、高级寝卧具的理想材料；或者加入少量氨纶，手感柔软舒适，用于制作T恤、内衣、沙滩装、休闲服、运动服、时尚女装等，极具休闲风格。

二、面料的选用与造型的关系

　　服装设计在现代设计中隶属于产品设计范畴，而产品的外观形态是产品设计的重要因素。因此，产品设计又称为外观设计或造型设计，它注重表现产品的形态美和体现空间形态的合理性。服装是围绕着人、衣服、穿戴状态进行的三维立体设计，它的个性化、动态感要通过线条、空间、形态来体现。面料的质感和可塑性体现服装的造型，要使面料材质与服装设计风格完美结合，在设计过程中常从面料的厚重挺括与轻薄柔软、有无光泽、平面与立体等角度来把握面料的造型特征。

17. 服装面料
的常用材质

▲ 图6-11　细腻雅致的丝绸面料

1. 柔软型织物

柔软型织物包括织纹结构疏散的针织面料、轻柔的丝绸面料、金丝绒、裘皮等。针织面料垂感与弹性都非常好，设计此类服装可省略开刀线和省道，由于织物本身所具有的弹性，简练的造型也能体现人体优美的曲线；丝绸织物柔顺得体，细腻雅致，多采用松散性和有褶皱效果的造型，以表现面料线条的流动感和自然甜美的风格（见图6-11）；天鹅绒手感柔和、有垂重感，不宜设计过多的剪缉线，以免影响其平滑的悬垂效果。

2. 挺括型织物

挺括型织物包括棉布、亚麻布、灯芯绒、拉绒、各种中厚型的毛料和化纤织物，丝绸中的锦缎和塔夫绸也有一定的硬挺度。府绸、卡其、牛津布等棉织物朴素、文雅，有一定的体量感和硬挺度，可采用细皱和褶皱的手法形成丰满的衣袖、蓬松的裙子和具有体积感的服装（见图6-12～图6-14），也可设计一些轮廓鲜明合体的服装。中厚型毛织物面料本身就具有体积感和扩张感，设计师不宜采用过多的剪缉线和褶裥，廓形也不宜过于紧身贴体。塔夫绸和锦缎可用来制作晚礼服、婚纱等。

▲ 图6-12 挺括型织物

3. 光泽型织物

光泽型织物包括软缎、绉缎、织锦缎等。这类面料质地光滑并能反射亮光，常用来制作晚礼服或舞台演出服，以取得华丽夺目的视觉效果。人造丝与其他化纤软缎反射最强，但光感耀眼、冷峻，一般用来制作舞台演出服装；真丝绉缎光泽细腻，可用于高档礼服的设计（见图6-15）；织锦缎花型繁多、纹路精细、雍华瑰丽，可用来制作民族风格的服装（见图6-16）。

▲ 图6-13　蓬松的裙子

▲ 图6-14　具有体积感的服装

▲ 图6-15　真丝绉缎

▲　图6-16　织锦缎

云　锦

　　中华云锦是中国最华美高贵的锦缎，因美如天上的云霞而得"云锦"之名，相传已有700余年历史。云锦系专供宫廷御用，元、明、清三朝都在南京专设官办织造局督造云锦，现在北京故宫博物院还藏有数千件历代云锦精品。云锦用大型传统花楼织机，由两人分上下楼手工织造，日产量仅有5cm。云锦在织造过程中大量使用纯金线、纯银线，为织造业之罕见，并配以五彩丝绒线、金翠交辉的孔雀羽毛线等稀有名贵锦线，使云锦富丽堂皇，光彩夺目，尽显皇家气派，有"寸锦寸金"的古喻。

云锦织造工艺极富创造性，挖花妆彩、镶金嵌银、逐花异色等独特工艺，使现代化的纺织机械均无法替代。云锦被专家称作是中国古代织锦工艺史上的最后一座里程碑，公认为"东方瑰宝""中华一绝"，亦是中华民族和全世界最珍贵的历史文化遗产之一。

4. 弹性织物

弹性织物主要指针织面料或由尼龙、莱卡、莫代尔等纤维织成或是以上纤维同棉、麻、丝、毛等纤维混纺成的产品。它具有弹性大、不容易变形的特点，适合于紧身型服装的制作，如内衣、泳衣、运动装（见图6-17）和各种外衣，或用于制作舞蹈、杂技等的舞台表演服装。此外，某些织物的斜纱也有一定的弹性，所以可采用斜裁的技术制成服装，利用布料的自然弹性替代省道，使外轮廓悬垂适体。

▲ 图6-17 弹性织物

知识窗

斜裁祖师——玛德莱娜·维奥内

　　玛德莱娜·维奥内（Madeleine Vionnet，1876—1975）从20世纪20年代开始名震巴黎服装业，是罕见的可以从纺织、染色、打样、剪裁到缝制全程一手挑起的女服装设计师。她结合S形与Z形两种纺织技巧做成的斜裁女服，令布料反方向拉扯间形成自然的弹性。她甚至发明了斜裁专用缝纫机。

　　她起初在小木偶上立体剪裁，受希腊女神与日本和服影响，以左披右搭前挂后扭的技巧造成最少的接缝，令布料自然地垂坠，形成浮动，舒适熨帖地赞美女性的飘逸体态，可以说是一切修身晚装的基础和立体剪裁摩登化的根源。她的裙装，外貌似一团布裹着，接缝也不知在哪里，布料的颜色更可说没有任何花哨，但令人叫绝的是，每件如行云流水般一气呵成，每一件都如度身定造。

　　维奥内的剪裁技巧奇妙，其对布料的要求之高以及对材料的浪费很难被抄袭模仿，这也是她的服装价格昂贵（一件市价4万～7万美元）的原因。许多著名的设计师都曾试图将一件Vionnet的斜裁晚装解构，看能否以更经济的方法重塑其神奇的原貌，但是至今仍没能成功。

5. 透明与镂空织物

　　透明与镂空织物主要有乔其纱、生绢、蕾丝、巴厘纱等（见图6-18）。此类面料质地薄而通透、绮丽优雅，能不同程度地暴露人体。设计时可根据面料柔软或硬挺的质地区别，灵活而恰当地予以表现，还可采用织物多层叠加的方法，产生若隐若现、迷离朦胧的美感。

　　设计师灵活运用面料的能力，是衡量设计师水平的重要标准之一。设计师还应根据服装流行趋势的变化，参与面料的开发和设计，创造性地进行面料组合，从而使服装的设计更具有新意。

▲ 图6-18　透明与镂空织物

第二节 ● 服装的色彩

一、色彩与面料

服装色彩的缤纷绚丽要通过面料这一物质基础得以体现，色彩与面料材质是紧密相关的统一体。不同纤维构成的面料或同种纤维不同组织结构的面料，对于光的吸收和反射程度不同，即便是同一色彩的颜色，也会因材质的变化带给人不同的感受。例如同样一种蓝色，表现在化纤和丝绸织物上，则显得艳丽、忧郁；表现在牛仔面料上，则显得粗犷、青春（见图6-19）；表现在毛料织物上，则显得高雅、清秀。毛料表面绒毛产生漫反射，使色彩柔和稳定；而丝绸等光泽面料表面产生直接反射，使色彩热烈而刺激。一般来说，光泽性面料色彩配置的难度大于其他面料，宜使用纯度变化、明度变化或中性色调调合的配色方式取得和谐的配色效果。

18. 服装的色彩与面料训练

▲ 图6-19 蓝色系的使用

二、色彩与图案

　　服装面料图案的内容和表现方法十分丰富，从构成空间上可分为平面图案、立体图案；从构成形式上可分为单独纹样、连续纹样；从工艺上可分为印、染、绣、绘、缀、拼等图案；从素材上可分为花卉图案、植物图案、动物图案、人物图案、抽象图案等；从风格上可分为民族图案、传统图案、现代图案等。服装色彩与面料上的图案、纹样搭配时，首先要根据统一的色调，可选用一种颜色为主色，其他颜色搭配的形式取得整体的协调统一。从色彩上来看，单色图案易产生协调统一的效果，适宜于大方、朴素的设计，如黑白点面料、蓝印花布等；多色图案表现出的感情比较复杂，有的浓郁深沉，有的柔和冷静，有的活泼大方，也有的会产生异国情调（见图6-20）。在设计过程中，还可以借助视错的作用，如利用点纹图案改变人体曲线与轮廓特征、强调肢体的优点、弱化体型的缺陷等，来达到设计者的目的。

▲ 图6-20　图案的运用

三、色彩的运用原则

　　色彩是服装设计的灵魂，它具有表情性，能传达一定的情感，表现出冷与暖、兴奋与沉静、前进与后退、活泼与忧郁、华丽与朴素等特征。正确而巧妙地运用色彩，使其与面料材质、服装款式、着装人的气质搭配和谐统一，需要掌握下列原则。

1. 根据色彩搭配原理用色

　　配色是将两种以上的色彩并置，产生新的视觉效果。它的目的在于色彩合理搭配，相互共鸣，产生和谐、调和的效果（见图6-21）。如同一色搭配、类似色搭配、对比色搭配、无彩色与有彩色搭配等，效果比较柔和稳定；而明度差距大或彩度饱和的颜色搭配强烈、热情、较难控制。无彩色系在色彩调和上具有很强的功能，比如红绿相间时，可用黑色或白色线条分离两种色彩，缓和对比色搭配的生硬感，并且无彩色中的黑白灰以及具有装饰点缀效果的金银色，它们本身的搭配也是常用而且不变的手法，如黑白条纹、千鸟格等。

▲ 图6-21 和谐的色彩搭配

知识窗

odbo——黑与白

　　odbo（欧宝）服装1914年诞生于德国科隆的一个贵族家庭，到如今已有近100年的历史了。黑与白的任何一款搭配，都显现出odbo设计师们独具匠心的艺术构思。剪裁流畅、简洁，而又不失棱角，款款服装都像是一幅黑白素描。在黑白世界的无限空间里，于细微处表现创意，既不追随流行，也不依附流行，其风格分明代表和彰显了一种基本的做人原则。在这样一个日益丰富和多彩的时代里，odbo 服装的简洁凝练流露出一种骨子里的独特高贵气质，独立、前卫和不事张扬。

odbo 服装绝不希望每个人都来穿着，它只属于那些能理解和体会品牌内涵，并真正从中享受到乐趣的人们。

2. 根据目标消费群选择用色

色彩在服装设计中的终端环节是服装穿着到不同消费者身上的效果，所以色彩选择要考虑到消费者肤色、发色、体型、脸型等因素，同时也要考虑到不同消费群体的民族、国家的用色习惯。不同人种、不同地区、不同国家的人乃至每个个体在肤色、发色和眼睛的颜色上都会有所差别，比如白种人肤色白皙，对服装色彩的选择较为宽泛，黑色人种则更适宜选择一些纯度较高的明亮色彩（见图6-22）。

▲ 图6-22　根据目标消费群选择用色

四季色彩理论

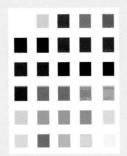

"四季色彩理论"由"色彩第一夫人"——美国的卡洛尔·杰克逊女士（全球最权威的色彩咨询机构CMB公司的创始人）发明，并迅速风靡美、日，给人类的着装生活带来了巨大的影响。 1998年，素有"中国色彩第一人"之称的于西曼把色彩理论从日本带入中国，创立了中国第一家专业色彩咨询机构——西曼色彩工作室，首次引进和传播"色彩顾问""个人色彩诊断"等国际最新色彩应用技术和概念。

"四季色彩理论"是把生活中的常用色按基调的不同进行冷暖划分，进而形成四大组自成和谐关系的色彩群。由于每一色彩群刚好与大自然四季色彩特征吻合，便把这四组色彩分别名为"春""秋"（暖色系）和"夏""冬"（冷色系）。这个理论体系对人的肤色、发色和眼球色的"色彩属性"同样进行了科学分析，并按明暗和强弱程度把人区分为四种类型，为他们分别找到了和谐对应的"春、夏、秋、冬"四组装扮色彩。

一个人如果知道并学会运用自己的色彩群，不仅能把自己独有的品味和魅力最完美、最自然地显现出来，还能因为通晓服饰间的色彩关系而节省装扮时间。重要的是，由于你清晰什么颜色是最能提升自己的，什么颜色是你的"排斥色"，你会在一生中的任何形象关头轻松驾驭色彩，科学而自信地装扮出最漂亮的自己。

四、流行色与常用色

时装色彩由流行色和常用色两部分组成。

1. 流行色

流行色意为时髦的、时尚的色彩，是指在一定时期和区域内，被大多数人接受或采纳，并且形成流行热潮的颜色，一般包括几种色彩或几组色系，时效性是其最大特征。流行色的预测是一门统计预测学，它是由专门的流行色研究预测机构（国际流行色协会、国际色彩协会或中国流行色协会及一些著名的面料公司、展会等）以社会思潮、经济形势、消费动向、文化水平等因素为依据进行调查研究，经过深入讨论与推选，每年两次定期推出流行色的方案。根据国际惯例，纱线及色彩的流行趋势一般要提前18个月推出，流行色方案一般按照新色卡的标准以染色纤维的形式分发，色卡一般分为男装色谱、女装色谱和总色谱。一个色谱的色彩在20～30种之间，并配有主题，由中国国际纺织信息中心、中国流行色协会的趋势研究专家在研究国际流行趋势的基础上，通过对时代精神、生活方式、消费偏好和价值观等方面进行深入解析，结合市场调查与专家研发而推出的（见图6-23～图6-26）。尽管有国内或国际知名的色彩权威机构发布的信息，但设计者还是要结合市场作出合理的选择，完全照搬或完全忽视色彩的流行，都会给产品的销售带来极大的风险。

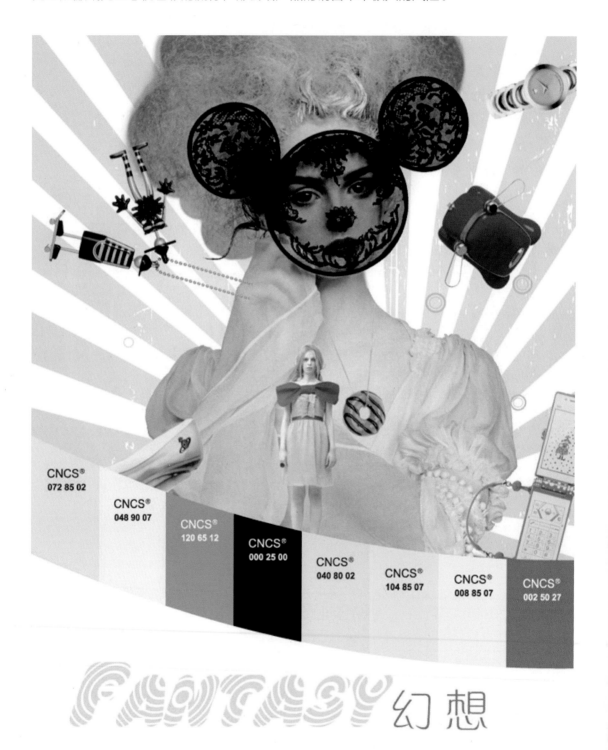

▲ 图6-23　某年春夏女装设计及色彩趋势主题一：幻想

▲　图6-24　某年春夏女装设计及色彩趋势主题二：汇流

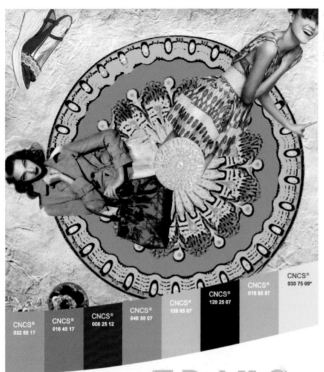

图6-25 某年春夏女装设计及色彩趋势主题三：痕迹

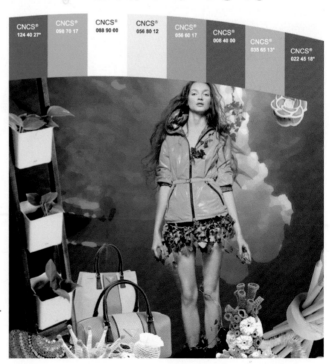

图6-26 某年春夏女装设计及色彩趋势主题四：纯净

知识窗

中国流行色协会

中国流行色协会作为中国科学技术协会直属的全国性协会，面向全国纺织、服装、建筑、美容、电子、化工等与色彩和时尚关联的企业、大专院校、科研院所和中介机构等。其于1983年代表中国加入国际流行色委员会（International Commission for Colour in Fashion and Textiles）。主要业务包括：组织国内外市场色彩调研、预测和发布色彩流行趋势；代表中国参加国际流行色委员会专家会议，向社会推荐流行色应用的优秀企业和个人；主办时尚相关产业的大型活动，开展各项赛事，推广和普及流行色，传播时尚概念；从事色彩及相关时尚产品的设计和咨询服务，承担有关色彩项目委托、成果鉴定和技术职称评定等；开展中国应用色彩标准的研制、应用和推广；编辑出版流行色期刊和流行色应用工具及资料；开展国际交流活动，发展同国际色彩团体和机构的友好往来等。

中国流行色协会与世界许多著名的色彩与时尚机构和公司建立了密切的合作关系和业务往来，主要合作伙伴包括美国棉花公司、美国PANTONE色彩公司、美国HERE&THERE设计公司、英国GLOBAL COLOR RESEARCH 色彩公司、法国PROMSTYL设计顾问公司、德国MODA INFORMATION国际资讯公司、荷兰METROPLITAN出版公司、日本DIC色彩集团、日本KAIGAI资讯公司、意大利ITALTEX公司、奥地利LANZING公司、奥地利SWAROVSKI公司等。中国流行色协会还与国际流行色委员会18个成员国的代表机构以及美国流行色协会、日本流行色协会、韩国流行色协会等建立了资料和色彩信息交流等关系。

2. 常用色

常用色是指某个品牌或某种风格的服装每季固定采用的几种颜色或几个色系。对于一个品牌或一种风格的服装来讲，目标消费群、目标市场、产品风格往往是相对固定的，常用色是其在复杂多变的流行中立于不败的重要因素（见图6-27）。常用色的市场占有率是流行色的3倍，流行色是时装业与大众共同关注的话题，但是从商品经济的角度看，常用色才是服装市场的色彩主角。某些流行色经过长时间流行后，普及率较高，也可能变成常用色。此外，不同国家、地区、民族由于地理环境和人文习俗的差异，也会出现各具特色的常用色，即传统色彩或习惯色彩。

▲ 图6-27 常用色

19. "以人为本"的服装色彩社会化、个性化因素

思考与练习

1. 收集设计实例，比较、分析同种色彩通过不同面料所展示出的色彩有何微妙变化。

2. 遵循色彩设计的基本原则，设计两款青少年装。

第七章
服装设计的分类

学习目标

1. 熟悉常见的服装分类方法，掌握各类服装的设计原则。
2. 了解系列服装设计的构思与设计。

服装在自身的发展过程中，逐渐形成了不同的分类方法，以适应人们日常生活的需要，如按季节分类、按性别年龄分类等。而且，随着人们生活水平的日益提高，服装分类的标准也在不断变化，其要求也越来越高。

这一现状也对服装设计师的工作提出了更高的要求，使设计师的工作更加细分化。要求设计师在具体的设计工作中，遵循分类服装的设计原则，准确定位，以满足不同层次多种消费者的需求。

第一节 ● 常见的服装分类方法

服装从起源发展至今，逐渐形成了不同的类别。常见的分类方法是从人们约定俗成的、在服装的流通领域易被接受的角度对其进行分类。

一、按性别年龄分类

分为男装、女装、中性服装、婴儿服装（出生～1岁）、幼儿服装（2～5岁）、学龄儿童装（6～12岁）、少年装（13～17岁）、青年装（18～24岁，见图7-1）、成年装（25岁以上）、中老年装（50岁以上，见图7-2）。

▲ 图7-1 青年装

► 图7-2 中老年装

知识窗

中老年服装

1982年7月，联合国在维也纳召开的"老龄问题世界大会"提出，60岁以上人口超过10%或65岁以上人口超过7%的国家为老年型国家。2000年全国第五次人口普查统计结果，我国65岁以上人口是8811万人，占总人口的6.96%，表明我国已经开始步入老龄社会。在理论上，人口规模、购买能力、消费倾向是构成市场的三大要素，而人口规模是基础。我国如此庞大的老年人群体为形成一个巨大的老年消费市场奠定了基础。老年人的生活方式、工作状态，将对文化、经济、科学意识等社会形态产生重大影响，他们对于服装，不论从外表的美观方面还是从裁制的多样化方面，都和年轻人一样有着强劲的需求，这对企业来说是一个巨大的市场。

目前，国内中老年人的文化层次普遍提高，中老年人对服装的质地、颜色、做工、款式要求越来越高，购衣时更看重质量、做工和设计风格，品牌观念也越来越浓厚。随着社会的发展，中老年人的人际交往及各种休闲娱乐活动变得丰富多彩，体型差异也会缩小，追求品位、时尚将成为中老年人选购服装的新主题。服装企业应该重新认识中老年人的消费观念，及时调整服装产品结构，抓住这一商机，为这一部分群体开辟一片新天地。

二、按季节气候分类

不同地域的服装，其季节特征有所不同。在我国，服装的季节可分为初春、春、初夏、盛夏、夏末、初秋、秋、冬8种。

三、按用途分类

1. 社交礼仪服

在婚礼、葬礼、应聘、聚会、访问等正式场合穿着的是礼仪性服装。西方的礼服可分为日间礼服和晚间礼服。礼服的用料非常高档，设计时需符合穿着者的身份、体态和风度，做工精致，形式一般采用套装或连衣裙，如婚礼服、丧礼服、午后礼服、晚礼服等（见图7-3）。

▲ 图7-3 社交礼仪服

2. 日常生活装

日常生活装是指在普通的生活、学习、工作和休闲场合穿着的服装，包括的范围较广。由于穿着的环境不同，有时略带正统意味，有时也比较轻松、时尚，如上班服、休闲装（见图7-4和图7-5）、学生装、家居服等。

▲ 图7-4 男士休闲服（一）

▲　图7-5　男士休闲服（二）

3. 职业装

职业装是用于工作场所而且能表明职业特征的标志性服装。根据职业特色、场所的不同，又可分为职业时装和职业制服。

4. 运动服

运动服是指人们在参加体育活动时所穿着的服装，可分为专项竞赛服和活动服两大类。专项竞赛服要适合不同竞技项目的特点、运动特色，而且要有代表参赛团体的标志，如田径服、网球服、体操服、登山服、击剑金属衣。活动服是人们进行一般体育活动时穿着的服装，如晨间锻炼的运动衣裤。运动服对服装的功能性、透气性、吸湿性要求非常高。

5. 舞台表演装

舞台表演装也称演出服，是根据舞台演出的需要帮助演员塑造角色形象，统一演出的整体风格而设计的一种展示型的服装，常以独特的装饰或夸张手法达到令人惊叹的效果（见图7-6）。

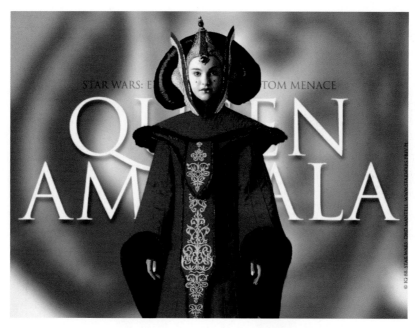

▲ 图7-6 电影作品《星球大战》中的服装

四、按民族分类

欧美地区传统和现行的西式服装是当今服装设计的主流，但世界各地都有典型民族特色的民族服装，如中国的汉服，日本的和服（见图7-7），韩国的民族服饰（见图7-8），这些都是人类文明的宝贵财富。

▲ 图7-7 日本和服

▲ 图7-8 韩国传统服饰

五、按流通层次分类

　　服装按流通层次分类，可分为成衣和高级定制服装两大类。所谓成衣是指按一定规格和标准号码尺寸批量生产的系列化服装，它是20世纪初伴随着缝纫机的发明和进步而出现的服装制作形式。成衣又有普通成衣和高级成衣之分。普通成衣面向普通大众，价格较低。高级成衣在一定程度上保留或继承了高级定制服装的特点，针对中高级目标消费群的职业、文化品位以及穿着场合等进行小批量、多品种和适应性的设计。普通成衣与高级成衣的区别，除了其批量大小、质量高低外，关键还在于设计所体现的品位与个性。

　　高级定制服装又称为高级时装，最初源于19世纪中期欧洲以上流社会和中产阶级为消费对象的高价奢侈女装，是指由著名设计师设计，并针对顾客体型量体裁衣的时装，适合高层次的个性化消费需求。设计风格独特、用料考究、精湛的手工制作与工艺、昂贵的价格是高级定制服装的主要特点（见图7-9）。

▲　图7-9　高级定制服装

高级时装

1858年，"时装之父"查尔斯·弗莱德里克·沃斯(Charles Frederick Worth)在巴黎开设了第一家专为顾客度身定制的高级时装店。他将自己的名字缝制在衣服上，除了字面上的意思外，更象征着该作品出自自己的手笔。从此，高级时装就进入了人们的视野，后来的Poiret、Chanel、Vionnet、Fortuny、Madame Gres、Patou、Rochas、Dior、Yves Saint Laurent都将高级时装设计的精髓发扬光大。由于当时机械化生产不到位，所以人们穿着的服装主要还是靠定制，Haute Couture相当于是定制中的顶级也曾经辉煌过一段时间。

然而，工业革命的滚滚大潮将一切繁复和手工化的东西带走，也将高级时装推向绝境。高级时装的地位逐渐被成衣代替。由于时装曾多次影响了整个法国的经济，高级时装无法与成衣在商业价值上抗衡，所以，法国政府把它提高到艺术品的高度。自1945年起，法国政府对高级时装定下了一系列清楚的准则，到今天为止只有以下二十间公司获权生产高级时装：Christian Dior、Chanel、Balmain、Carven、Christian Lacroix、Emanuel Ungaro、Givenchy、Guy Laroche、Hanae Mori、Jean Louis Scherrer、Lecoanet Hemant、Louis Feraud、Nina Ricci、Paco Rabanne、Per Spook、Philippe Venet、Pierre Caddin、Lapidus、Torrent、Yves Saint Laurent等。

现在全世界大约有一两千人消费高级定制时装，其中包括王族公主、财经巨子、影视明星……由于顾客群相对固定，所以几乎每一个老主顾都拥有自己的人体模型，并经常根据本人的身材变化进行调整。由于成本高昂，所以每套高级定制礼服的价格也相当可观，日装一套的最低价格约为一万两千美元，晚装一套约为四万美元。

六、按设计目的分类

服装按设计目的分类，可分为销售型服装、发布服装、比赛用服装和特殊需求服装。

销售型服装首先是商品，设计时要考虑工业化批量生产的可能性与降低成本等因素（见图7-10）。发布服装一般是为了阐述品牌理念、流行预测或进行订货的服装。比赛用服装是遴选优秀设计人才的重要方式，一般分为两类：一是创意性设计；二是实用型设计。特殊需求服装是根据用户需要而设计的服装。

▲　图7-10　工业化成衣设计

七、按风格分类

　　流行风格是设计师构思设计时所制定的总体方向，表现为风格主题倾向，是设计师对流行的总体把握。

　　现代时装设计中，常见的流行风格主题有：简约主义风格、军服风貌、好莱坞风貌、西部风格、50年代风格（指20世纪，下同）、60年代风格、70年代风格、80年代风格、街头风格（见图7-11）、多层风貌、透视风貌、男孩风貌、朋克风格、嬉皮风格、雅皮风格、民间服饰风貌（见图7-12）、波希米亚风格（见图7-13）、几何线性风貌（见图7-14）、

▲　图7-11　街头风格　　　▲　图7-12　民间服饰风貌　　　▲　图7-13　波希米亚风格

解构主义风格（见图7-15）、古典风格、哥特式风格、巴洛克风格、洛可可风格（见图7-16）、超短风貌、Hip-hop风格、超大风貌、印第安风貌、波普风格、无性别风貌、纯情风貌、未来主义风格等。

▲ 图7-14　几何线性风貌

▲ 图7-15　解构主义风格

▲ 图7-16　洛可可风格

第二节 ● 分类服装设计的意义与原则

一、分类服装设计的意义

设计者在设计之前只有全面、细致、准确地理解各种形式的设计指令，才能得出令人满意的设计结果。分类服装设计是对分类服装提出总的设计要求，设计者在理解这些总的设计要求的前提下，对某个具体设计指令进行多方位的"设计扫描"，得出一个既综合多项设计要求又针对该设计指令的最佳设计方案。

二、分类服装设计的原则

无论设计何种服装，均要掌握三项总的设计原则。

1. 用途明确

这里的用途是指设计的目的和服装的去向。明确了服装的用途，设计才能有的放矢。

2. 角色明确

角色是指具体的服装穿着者。除了年龄性别外，设计者还应该对穿着者的社会角色、经济状况、文化素养、性格特征、生活环境等进行分析。批量生产的服装是为求得穿着者在诸多方面的共性；单件定制的服装则要找出穿着者的个性，并且要注意穿着者的身体条件。

角色明确是在用途明确的基础上进行的，没有明确的角色仍可进行设计构思——尽管会在穿着方面带有一定的盲目性，却并不会影响服装的存在；没有明确的用途则无法进行设计构思——不知道穿着者想要什么东西。

3. 定位准确

定位包括风格定位、内容定位和价格定位。风格定位是服装的品位要求；内容定位是服装的具体款式和功能；价格定位是针对销售服装而言的，合理的产品价格是设计者应该了解的内容。

第三节 ● 服装的分类设计

一、职业装设计

职业装是表明穿着者职业特征的服装。职业装设计是从"现代服装设计"中分离出来的现代服装专有名词。在发达国家，职业装发展迅猛，其面貌已逐渐呈现出从"大服装体系"中分离而成为一个相对独立的分系统的趋势。职业装根据其功用、穿着目的，可分为职业时装、职业制服、特种职业装三大类。

1. 职业时装

（1）概念和分类　职业时装是指从事"白领"工作的人们穿着的具有时尚感和个性感的个人消费类服装。这类服装没有严格的规制，允许穿着者有适度的个人喜好和时尚表露。

（2）设计原则　职业时装中的男装大多以经典的西装与衬衣、领带的搭配为主。随着服装界运动休闲风格的影响，西装的面料、造型、细节、工艺发生了改变，从"正式"礼服趋向休闲，成为男士职业时装的首选（见图7-17）。

职业女装常以套装的形式出现，中性的色彩、时尚的面料及细节变化是经典的职业形象。其设计原则的基本要求是塑造女性端庄、高雅、整洁自信的形象。白领阶层对生活的高品质追求和强调个性的观念使职业时装趋向高级成衣的范畴（见图7-18）。

尽管职业时装没有特定的款式、色彩、面料的限制，但也要受到行业和工作环境的制约。设计时应符合大众审美标准，力求简约大方，过于夸张和时髦的款式、过于烦琐的装饰、过于宽松或紧身和袒露的造型、过于鲜艳的色彩都不适合。

▲　图7-17　干练的职业男性着装

2. 职业制服

（1）概念和分类　职业制服是指按一定的制度和规范进行设计，以标识职业特点和强化企业形象为目的的服装。从功用、穿着目的等方面，可划分为服务性行业制服和非服务性行业制服两大类。前者如航空、金融、宾馆、餐饮、美容等行业服装（见图7-19），后者如军服、警服（见图7-20）及科技、卫生等行业服装。职业制服多由主管部门统一定制发放，设计时一般不考虑年龄因素。

图7-18 白领女性着装

▲ 图7-19 南方航空公司空姐职业装

▲ 图7-20 警服

（2）设计原则

① 独特鲜明的标识性与系列性　职业服装的标识性，在于其能够反映不同的职业及职别，显示不同职业在社会中拥有的形象、地位和作用，在引导和激发员工对本职工作的责任心和自豪感的同时，形成强烈而鲜明的集团形象。在现代社会中，传统的"以产品求发展，以质量求生存"的企业理念已不能满足消费者更高层次的需求，以传达、推广企业形象认知

为目标的CI（corporate identity）系统的策划与塑造，对企业的发展、企业文化和精神的确定，以及品牌权威的树立都十分重要。

运用CI视觉识别系统的基本要素（如企业名称、品牌标志、标准色、标准字体、徽标图案等形象符号）设计的职业制服是企业CI设计中重要的组成部分（见图7-21），其鲜明的标识性使人们产生强烈的视觉认知，如大家熟悉的麦当劳等企业的职业制服。

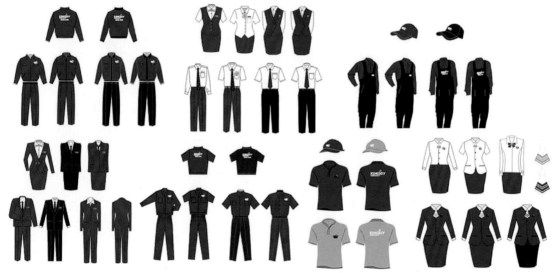

▲ 图7-21 CI设计中的职业制服

▲ 图7-22 酒店门童服装

除了不同企业、社团间的职业制服有所区别外，许多企业内部不同岗位、身份、工种的职业制服也有严格的区别，如宾馆酒店的服装分门童服（见图7-22）、迎宾服、管理服、客房服、厨师服、保安服等。因此职业制服具有对外的统一性和对内的区别性，在设计时要注重系列性的要求。可在确定CI视觉识别的前提下进行可变元素的调整，如服装的色彩、造型、搭配、饰物等。

② 与职业活动协调的机能性　职业服装的穿着目的是为适应职业活动和工作环境的需要，服装要通过其使用性能和防护性能，将员工的生理、心理调整到良好的状态，进一步提高工作效率。如夜行交警服上的荧光条纹嵌饰、清洁工人的橘红色服饰色彩都是为了引起车辆的注意。

此外，季节的差异也往往会引起职业装设计在配色、用料和款式上的变化。

③ 经济实用性　职业制服最基本的特征是它的实用性，设计时要考虑服装的舒适合体、穿脱方便、易于活动和适于工作等特点。同时要考虑到职业制服的大批量性，应在美感、功能的前提下，尽可能地降低生产成本，具体实施时可以从面料的选择、款式、结构、工艺的复杂程度等处着眼。

④ 审美性　职业制服除满足职业活动的需求外，其款式设计的变化推新等审美性也不容忽视。工作的美丽不仅体现在劳动本身，适当美化职业制服，不仅能激发人们的工作热情，增加视觉感官的愉悦，减少劳动操作的紧张乏味，更能起到点缀空间和美化环境的效果。选择得体的廓形、结构，适当地运用色彩、配饰，是设计职业时装的常用手法。但我国的职业制服因受到特定条件、观念意识等因素的影响，大多简陋粗糙，在设计、制作和使用上尚处在发展阶段，还不能满足迅速增加的各行业、各工种以及季节性或定期性的要求，因此还需要不断学习、借鉴欧美发达国家的职业制服设计，提高自身水平。

3. 特种职业装

（1）概念和分类　特种职业装是在特殊工作环境下穿用，以防止环境对人体的危害，具备某些特殊功能的服装，有时又称特殊类服装。根据不同的防护功能，可分为防尘服、防火服、防水服、均压服、防毒服、避弹服、迷彩服、潜水服、宇航服、防化服等（见图7-23、图7-24）。

▲ 图7-23　有综合防护功能的制服　　　　▲ 图7-24　防化服

（2）设计原则

① 机能性　设计特种职业装应充分考虑到运动机能性和保护身体机能性的特殊需要，突

出其机能性的用途。设计时要密切结合人体工程学，方便身体的屈伸活动，保护身体的重要部位，可采用加层、封闭式或密闭式设计，衣袖、衣摆及裤口最好有调节松紧的部件。选用材料应质轻，穿着舒适，以避免行动不便或体力消耗过大。

②款式色彩　特种功能的服装崇尚实用机能性的造型结构，力求以最简单有效的手段取得最大的功能效益。款式设计时应注意轮廓清晰、线条简洁、结构科学合理。色彩选用时不能盲目，应从作业性质、环境条件、穿用季节、材料质地以及人们的心理等方面考虑。如防尘工作服，面料应以白色或淡色为主，以便及时发现污染物，保持洁净。

知识窗

最昂贵的服装——宇航服

如果问世界上最昂贵的服装是什么，那么由特殊材料、特殊工艺制造，还要经过无数试验的宇航服肯定当之无愧。

2003年10月15日，搭乘航天员杨利伟的中国第一艘载人飞船"神舟五号"，在酒泉卫星发射中心由"长征二号"F运载火箭成功发射升空。

太空中真空、无氧、高低温交变的恶劣环境，还有肉眼看不见的宇宙粒子、辐射可能穿透人体，损害器官，会使宇航员患上白血病等疾病。在太空中，宇航服是保障宇航员生命安全的最重要的个人救生设备，它已经不是简单意义上的服装。

宇航服共分三层。第一层是由耐高温、抗磨损材料制成的限制层，用来保护服装内层结构；第二层是涂有特殊涂料的气密层；第三层是散温层，这部分与内衣裤边接在一起，有许多管道，将全部气流送入头部，然后向四肢躯干流动，经肢体排风口汇集到总出口排出，带走人体代谢产物。此外，宇航服上还配有废物处理装置和生物测量装置。废物处理装置就是用于收集尿液的高性能吸收材料。生物测量装置可通过贴在航天员身上的电极，经生物测量带、服装电接头等传递测量数据，使航天员的心电、呼吸、血压等生理信号，直接通过飞船遥测系统传到地面飞行控制中心。这样下来一套宇航服的重量在几十公斤，价值非常昂贵。

二、休闲装设计

1. 概念和分类

休闲装，又称便装，是根据现代生活方式衍生的舒适、轻松、随意、富有个性的服装。社会发展的高度机械化，造成了紧张而单调的生活方式，轻松和自然成为人们的渴望和追求，这种心态反映在着装上就是对休闲装的喜爱。不同层次的消费者，对休闲装的风格追求也不尽相同。一般来说，休闲装根据风格可分为前卫休闲装、运动休闲装、浪漫休闲装、古典休闲装、民俗休闲装和乡村休闲装等。

2. 设计原则

（1）前卫休闲装　前卫休闲装是休闲装设计中最顶尖的时尚服装，它时髦、新奇，甚至另类、怪异，通过与众不同的构思表达独特的设计感。前卫休闲装多采用新型面料，风格偏向未来型，比如用闪光面料制作。前卫休闲装表现为夸张的款式造型、复杂的结构设计、用色（常用对比色）和搭配（内外、上下）突破常规（见图7-25、图7-26），往往混杂了许多艺术风格与街头时尚元素，如波普艺术（见图7-27）、朋克风格、摇滚风格、嬉皮风格等，运用幽默、开放、自由的设计手法，打破传统与常规的设计模式。其代表设计师如让·保罗·戈蒂埃（Jean Paul Gaultier）、约翰·加利亚诺（John Galliano）、亚历山大·麦克奎恩（Alexander Mc Queen）等。

▲　图7-25　新奇、另类的设计

▲ 图7-26　对比色的使用

▲ 图7-27　波普艺术的运用

（2）运动休闲装　20世纪60年代，法国设计师安德鲁·古亥吉（Andre Courreges）在男装设计中加入了运动元素，改变了传统观念上运动装只能作为运动专用服的概念。从此运动风格成为非常重要的设计方向，并且带动了人们生活方式的改变。自由清新的户外运动与休闲旅游的概念产生并与运动休闲装的发展相互渗透、影响，出现了沙滩装、登山服、马球衫、高尔夫装、遮阳镜等服装及服饰。此类服装一般采用适合人体活动的外形轮廓（H形），面料舒适、透气性好，色彩搭配自然（见图7-28）。

（3）古典休闲装　古典休闲装以古希腊艺术为法则，在设计上以合理、单纯、节制、简洁和平衡为特征，具有唯美主义倾向。其面料及图案受流行左右较少，裁剪制作精良，面辅料选用较高档。表现在服装上比较正统、保守，款式简洁，喜用素色。在服装设计中，任何构思单纯、端庄、典雅、稳定、合理的设计都认为是古典主义风格（见图7-29）。

（4）商务休闲装　以夹克、衬衫、T恤、毛衫等为主。与普通休闲装不同，商务休闲装选料精细，裁剪讲求合体修身，一眼看上去就颇具档次。在色彩上，商务休闲装打破了男装传统的"黑、白、灰"，而大胆采用清新明快的米色、黄色、粉色等，并添入了不少时尚流行元素，彩色花格、条纹、几何图案的运用，使整体风格显得自然随意，比西装等正装穿着、搭配更为自由。在面料上，采用水洗、免烫等类面料，服装外形坚挺且易于保养。这些都成为商务休闲装走俏的主要因素。

▲　图7-28　运动休闲服饰

▲ 图7-29　古典休闲装

三、礼服设计

1. 概念和分类

礼服也称社交服，原是参加婚礼、葬礼、祭祀等仪式时穿着的服装，现泛指参加某些特殊活动如庆典、颁奖、晚会和进出某些正式场合时所穿用的服装。礼仪用装美丽、得体，既能表现出穿着者的身份，又能表现出形体美与场景的适应性。

礼服设计一般采用明快而绚丽的色彩，面料多选用高档的丝织物，工艺和装饰都很讲究。礼服可分为一般性社交礼服、晚礼服、婚礼服、创意礼服和中式礼服等。

2. 设计原则

（1）一般性社交礼服　一般性社交礼服是人们进行交往活动时的装束，如聚会就餐、访问等场合。与传统的正式礼服相比，一般性社交礼服款式、选材比较广泛，风格优雅庄重，造型也比较舒适实用，如一些裙装、长裤套装、裙裤套装（见图7-30）。

▲ 图7-30　一般性社交礼服

（2）晚礼服　晚礼服是夜间的正式礼服，是出席正式宴会、舞会、酒会及礼节性社交场合时的正式礼服，是最正规、庄重的礼服。女装在形式上多体现华丽、隆重的观感形式（见图7-31）。男士一般着燕尾服。随着时代的发展，燕尾服现在穿用比较少，而被黑色或深色的西装所替代。

▲ 图7-31 晚礼服

女子晚礼服在造型、色彩、面料、细节等方面都非常讲究，丰富的廓形设计（如S形、X形、A形、Y形）勾勒出女性的形体美。款式多为收腰的连体长裙，其设计要点在肩部、背部和腰部，如低胸、露背，裸露的程度视不同的着装环境而定。选用飘逸、柔软、透视的丝绸如闪光缎、塔夫绸、蕾丝花边等高档面料，配以刺绣、钉珠、镶滚、褶皱等装饰手法（见图7-32），色彩以高雅、艳丽为主。

一件完美的晚礼服体现了款式、面料和工艺的和谐统一。巧妙的构思需要通过精湛的工艺来完成，因此工艺是衡量晚礼服质量的一个重要因素。由于晚礼服款式新奇多变，平面裁剪难以准确生动地表达构思，所以常采用立体裁剪的方法。

（3）婚礼服　婚礼服是指在举行婚礼仪式时，新娘、新郎及其他人员如伴郎、伴娘、嘉宾等穿着的礼仪服装，尤其是新娘服装，是整个婚礼服设计的重点。在西方国家，新人的婚礼常在教堂中举行，接受神与众人的祝福，是非常神圣的仪式，且白色又被视为纯洁的象征，所以新娘的礼服以白色裙装为主，款式多采用连衣裙形式。

新娘服装的造型以A形和X形为主，色彩以白色和各种淡雅的色彩（如浅红、浅紫、浅蓝、浅粉、浅黄色等）为主，面纱以白色为主，初婚一般都使用白色。面料多采用绸缎、绢网、绢纱、薄纱等具有柔和光泽的材料来显示新娘的形体美和高贵典雅的气质（见图7-33）。此外，装饰手法的运用也至关重要，常用的装饰手法有：刺绣（丝线绣、盘金绣、贴布绣）、抽纱、镂空、钉珠（钉或熨假钻、人造珍珠、亮片，见图7-34）、褶皱、本色面料制作立体花卉（见图7-35）、珍珠镶边、人造绢花等。男子婚礼服以燕尾服或西装套装为主，色彩可采用黑、米、白等传统色彩，并配以白色衬衫、领带、领结，胸前口袋可插一枝鲜花或一块手帕。

▲ 图7-32　制作讲究的晚礼服

▲ 图7-33　婚纱礼服

▲ 图7-34　装饰精美的礼服

▲ 图7-35　有褶皱和立体花卉设计的礼服

　　我国的婚礼服以传统旗袍和中式服装为主，面料多采用织锦缎、丝绸，色彩一般选用大红色，象征着喜庆、吉祥，寓意着婚姻生活幸福美满（见图7-36）。

▲ 图7-36　传统中式礼服

知识窗

婚纱女皇——Vera Wang

　　Vera Wang这个名字首先意味着华贵、典雅的婚纱以及与这个美好世界相关的一切，其次才是一个卓越的华裔设计师的传奇故事。

　　Vera Wang的父母是第一代移民，而她本人是土生土长的纽约人。她理解女性对于时尚的向往。还是孩童时，她就陪着母亲在巴黎和美国的时装店购物，这些经历使她对服装设计产生了浓厚的兴趣。Vera Wang曾先后就读于萨拉·劳伦斯学院以及索邦神学院。在23岁那年，Vera Wang成为《时尚》杂志有史以来最年轻的编辑，她从一名实习生开始做起，逐渐熟悉了时尚圈的一些情况。两年后，工作勤奋的她成为一名资深的服装编辑，并从此一干就是16年。

　　1988年，她到拉尔夫·劳伦公司担任设计总监。1990年，在家族的帮助下，Vera

Wang在曼哈顿著名的麦迪逊大道开设了自己的旗舰店，以创新性的设计和精练的细节设计将时尚引入婚纱业，专门定做高价位新娘婚纱礼服，并以现代、简单、尊贵的风格，打破了繁复、华丽的传统，逐渐在上流社会打开了知名度。

现在，Vera Wang将自己的产品系列扩大到了包括成衣、晚装、内衣、毛皮、鞋、眼部化妆品、香水、瓷器和水晶、银器、礼品以及珠宝在内的各个领域，并出版了她的第一本书《Vera Wang on Weddings》。2005年，Vera Wang获得了美国时装设计师协会(CFDA)颁发的时尚界奖项，赢得了其中一项最高荣誉——"年度最佳女装设计师奖"。

20. 礼服裙的结构与造型1

21. 礼服裙的结构与造型2

22. 礼服裙的结构与造型3

23. 礼服设计学生实训1

24. 礼服设计学生实训2

25. 礼服设计学生实训3

（4）创意礼服 创意礼服是指在礼服基本样式的基础上加入诸多创意设计元素的一种设计形式。创意礼服的发挥空间比较大，能够表达设计师更多的想法，故受到许多设计师的青睐，如中国的设计师张肇达、吴海燕、凌雅丽、郭培（见图7-37和图7-38），国外设计师约翰·加利亚诺（见图7-39）、维维安·韦斯特伍德等。

▲ 图7-37 郭培作品·中国新娘之龙的故事（一）

▲ 图7-38 郭培作品·中国新娘之龙的故事（二）

▲ 图7-39 约翰·加利亚诺作品

创意礼服不仅具有观赏和艺术价值，同时还推动着服装业的发展。尽管创意服装在现实生活中无法穿着，但它们在款式、工艺、材料的开发与应用以及色彩搭配上的一切创造，都会影响和改变人们的观念、生活方式和着装状态，为未来的服装发展提供一种选择或一种可能。

知识窗

约翰·加利亚诺

1960年，加利亚诺出生在直布罗陀。他对时装的敏锐观察力完全得益于母亲对他的培养。1983年，他在极负盛名的圣马丁艺术和设计学院毕业时设计的服装得到了世界顶尖时尚编辑的青睐。1984年，他创办了自己的时装品牌，成功地将古典风格与现代潮流结合起来，很快这成了他设计的时装中最重要的要素。1987年，他赢得了全年英国设计师大奖，由于他的存在，英国时装业显得更加繁荣。三年后他得到了去巴黎展示自己时装的机会。

不久，加利亚诺得到了路易·威登公司的大力帮助，之后他加入了该公司旗下的纪梵希公司，出任高级女装设计总监。这个来自英国的边缘设计师给这个沉静的时装品牌注入了新鲜血液，他把斜裁的设计手法运用得淋漓尽致，更大程度地体现了女性的婀娜。

之后，加利亚诺又接手了克里斯汀·迪奥品牌的设计任务。1997年他在法国的第一场时装秀，正值迪奥品牌创立50周年。他的时装秀以法国大革命为灵感，设计了八件套时装，在秀台中央，他还创造性地放置了一艘橡皮船，目的是让人们能轻而易举地记起他的品牌。在那场秀上，多名顶尖模特倾情加入，他的演出达到了出人意料的效果，一夜之间，人们都记住了这个被称为"冉冉升起的怪才"的设计师。

约翰·加利亚诺是个对历史有深刻研究的时尚设计师，在他的时装秀里，人们看到的更多的是不同文化元素与历史碰撞产生的火花，从而让他的秀更富有想象力，也更加瑰丽。他的秀台可以是印第安古战场，可以是变化多端的海底世界，或是美人鱼的童话场景、神秘的原始森林和日本艺妓的隐秘世界。加利亚诺对流行的街头文化也同样熟悉：大尺码的萝卜裤或者钉上小珠子的牛仔裤，紧身透明T恤，外罩绣花派克大衣；飘逸的雪纺长袍搭配球鞋，塑造了典型的太妹形象。

四、内衣以及家居服装设计

1. 内衣设计

内衣是人体的"第二肌肤"和"贴身伴侣"。广义而言，只要是穿着在最内层的衣服都称为内衣。内衣具有保护肌体、表现优美体型和重塑身型等功能。随着社会的进步，人们对生活品质追求的提高，内衣已成为服装中的重要组成部分。内衣设计已趋向多样化、流行化，并且男性的内衣也越来越多地受到商家和消费者的广泛关注。20世纪90年代，内衣外穿风貌流行，并表现为内衣形式的时装化，设计师将内衣设计元素（紧身胸衣结构、吊带、蕾丝花边、透明面料等）运用到日常服装的设计当中，并与其他服饰混搭，使内衣设计外衣化。

内衣按功能主要分为三大类：矫形内衣、贴身内衣和装饰性内衣。

（1）矫形内衣　又被称为塑形内衣或补正内衣，主要是为弥补女性体型的不足，塑造完美的身体曲线，如加高胸部、束平腹部等（见图7-40）。一般分为文胸、束裤、腰封和连体紧身衣几类。矫形内衣受益于人体工程学和高科技新材料的发现。此类内衣用料广泛，有化纤、海绵、丝绸、钢丝、蕾丝等，色彩以白色、肉色等浅颜色为主。设计师应选用吸汗、透气、具有较强的弹力、长时间穿戴不变形的天然纤维混纺织物。

（2）贴身内衣　又称为保健型内衣，是直接与皮肤接触的内衣，以卫生保健和保暖为主要功能，具有保温、吸汗等作用。主要分为内衣和内裤两类，如背心、汗衫、三角裤、平脚裤、衬裙等（见图7-41）。款式设计简洁舒适，色彩多运用白色和各种淡雅的色彩，面料多以柔软的棉织品、富有弹性的针织面料为主。

（3）装饰性内衣　装饰性内衣是指穿在贴身内衣外面和外衣里面的衣服，主要包括衬裙和连身衬裙等，具有使外衣穿脱方便，保持外衣柔和、流畅的造型，避免人体分泌物污染外衣等作用。装饰性内衣多运用刺绣、镂空或加饰镂空花边等设计手法，款式以结合人体轮

▲ 图7-40　矫形内衣

▲ 图7-41　保健型内衣设计

廓的成型为主，面料多采用真丝、丝棉混纺或化纤面料。装饰性内衣可与透明材质的外衣结合，营造一种若隐若现的透视效果（见图7-42）。

▲ 图7-42　装饰性内衣

2. 家居服设计

家居服是指从事家务劳动、居家休息、娱乐时穿着的便装，主要有睡衣、睡裙、浴衣（见图7-43）。

▲ 图7-43

▲ 图7-43　家居服设计

五、针织类服装设计

1. 概念和分类

针织类服装是指以线圈为基本单位，按一定组织结构排列成型的面料制作的服装；而梭织类服装面料是由经纬纱相互垂直交织成型的面料。针织类服装以其面料的特殊性、造型的简练、工艺流程短等特点区别于梭织类服装。

针织类服装可分为针织内衣、针织毛衣（见图7-44）、针织外套（针织运动装、针织休闲装，见图7-45）、针织时装（针织面料制作的时装外套，见图7-46）、针织配件（围巾、帽子、手套、袜子等）。

2. 设计原则

针织类服装质地柔软，弹性较大，穿着舒适、轻便，可以充分体现人体的曲线美，并且具有很好的透气性和保暖性，满足了现代人崇尚休闲、运动、舒适、随意的心理，顺应了流行趋势，变得更加时装化、成衣化。进行此类服装的设计时，应突出面料特有的质感和优良的性能，采用流畅的线条和简洁的造型，款式不宜太过复杂，可从肌理效果、色彩、图案、装饰上多加考虑，取得较理想的效果。

▲ 图7-44　针织毛衫服装

▲ 图7-45

▲ 图7-45　针织运动、休闲外套

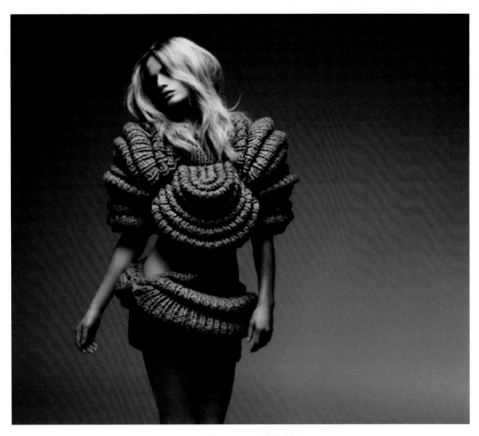

▲　图7-46　针织时装

知识窗

针织女王——索尼亚·里基尔

　　从1968年创办公司，在巴黎成立第一家服饰店开始，被誉为"针织女王"的索尼亚·里基尔（Sonia Rykiel，1930—）的名字就不断地和各种奖项、荣誉联结在一起。她不仅是一位服装设计师，也是作家、艺术家。时装界中真正能够称为大师级的女性设计师并不多，索尼亚·里基尔的设计却使她当之无愧地荣膺这一称谓。

　　里基尔声称："时装不应是为某一重要场合、一个特殊地方、一段时间甚至一个小时而设计的。因为每一件时装都是一样东西，可以通过加法减法、分开合拢、饰品配件来达到穿着者的要求。"里基尔的天赋在服装设计中得到了淋漓尽致的发挥。她发明了把接缝及锁边裸露在外的服装；她去掉了女装的里子，甚至不处理裙子的下摆。在她每季的纯黑色服装表演台上，鲜艳的针织品、闪光的金属扣、丝绒大衣、真丝宽松裤及黑色羊毛紧身短裙散发出令人惊叹的魅力。

里基尔在世界各地拥有近50家专卖店，39个国家有她的销售点，而她本人是这个庞大的时装帝国名副其实的领导者。自1973年起，里基尔担任"巴黎成衣及女装雇主联合会"的副会长长达20年之久，并荣获法国荣誉勋章。里基尔是世界女性作家协会会员，曾先后写过《红唇》和《我情愿赤身裸体》等4本书。她还擅长平面设计，书籍封面、文具、汽车装饰、鞋子、童装等她都有涉猎，还曾为世界著名四大百货公司设计购物袋。成功的索尼亚·里基尔不仅是个服装设计师，还是优秀女性的典范。

六、童装设计

1. 概念和分类

从服装学角度讲，儿童时期是指从出生到16岁这一年龄阶段，包括婴儿时期、幼儿时期、学龄儿童时期、少年时期四个阶段。童装即是以这四个年龄段儿童为对象所制作的服装的总称。考虑到儿童的心理、生理以及社会需求等因素，童装的设计定位要随着每个成长期而有所变动。现代意义的童装设计与成人服饰一样，不只满足于功能方面的需要，同时还融入了更多时尚文化元素，营造出和谐、丰富多彩的着装状态。

合理的童装设计，对于少年儿童的健康成长可起到一定的美育、教化、保护、角色定位的作用。

2. 设计原则

（1）婴儿服装　从出生到1周岁称为婴儿期。这一阶段是儿童生长发育的显著时期。从初生平均50厘米增加到75厘米，体重约增加3倍。其主要体型特征为：头部较大，身高比例为3.5～4个头长，胸腹围度无显著差异，腹围较大。婴儿服装通常有罩衫、围嘴、连衣裤、斗篷、睡袋等式样。在进行此类服装的设计时，要充分考虑婴儿的生理特征和习惯。款式要简洁、大方、穿脱方便。由于婴儿睡眠时间较长，骨骼还没有完全发育，不宜设计有腰缝线或育克的服装，不宜设计套头款式，尽量设计为前开襟，采用扁平的带子替代纽扣或拉链，以防止误吞或划伤。婴儿颈部较短，可采用无领设计。婴儿皮肤细腻，易出汗，排泄频繁，所以面料要选择伸缩性、吸湿性、保暖性与透气性较好的织物。婴儿的视觉系统远未发育完善，应避免过于鲜艳的色彩，以明快、清新的浅色调为主（见图7-47）。

（2）幼儿服装　1～5岁为幼儿期。这个时期的儿童，身高、体重迅速增长，其体型特点是：头大、颈短、肩窄、身体前挺、腹部突出。此阶段儿童活动频繁，身体、思维和运

▲ 图7-47　婴儿服装

动机能发育明显，服装设计时要考虑他们身心发育的特点。在款式设计上以宽松的连衣裤（裙）、吊带裤（裙）为主，轮廓以方形、A形为宜。门襟多设计在正前方，可采用纽扣、非金属拉链等开合方式，以训练幼儿自己穿脱衣服。幼儿颈短，领子应平坦柔软，不宜在领口设计复杂的花边。由于幼儿喜爱随身携带糖果、小玩具，可多设计一些口袋。幼儿时期夏季服装面料以吸湿性强、透气性好的棉麻织物为主；秋冬季宜用保暖性好、耐洗耐穿的灯芯绒、斜纹布、加厚针织料为主。在膝、肘等经常摩擦的部位，可采用一些防撕扯、防污染功能的面料。另外，在服装色彩和图案的设计上，应为儿童的审美意识起到一定的启蒙作用，表达他们天真、稚气的特点（见图7-48）。

▲ 图7-48

▲ 图7-48 幼儿服装

（3）学龄儿童服装　6～12岁的儿童被称为学龄儿童。这个时期儿童身高为115～145厘米，身高比例为5.5～6个头长，身体趋于坚实，四肢发达，腹平腰细，颈部渐长，肩部也逐步增宽，女童身高普遍高于男童，男女童的体型及性格已出现较大差异，因而设计时要有所区别。学龄前儿童的生活中心已从家庭转移到学校，服装尽量以简洁大方为主，应避免过分华丽、烦琐的装饰影响孩子学习。这个时期的女童已朦胧地呈现出胸、腰、臀的曲线，可采用X形造型体现女孩秀美的身姿，袖子可采用泡泡袖、灯笼袖，领子多采用荷叶边领（见图7-49）。男孩日常运动和玩耍的范围越来越广，服装款式宜简洁大方，以H形为主。面料选择的范围较广，但仍以舒适的天然面料及混纺面料为主，应具有轻柔结实、不易褪色、耐洗涤的特点。春夏季可选用纯棉织物，秋冬季一般选用灯芯绒、粗花呢等，一些较为时尚、新颖的服装材料如加莱卡的防雨面料、加荧光涂层的针织面料也是很好的选择（见图7-50）。色彩可选用和谐明快的色调，以避免浑浊老成或过于鲜艳的色彩（见图7-51）。在节假日或参加正式场合时，可选择具有装饰性和华丽感的礼服，以求与穿着场合相适应（见图7-52）。

（4）少年服装　13～16岁的中学时期为少年期。这个时期儿童的生理、心理状态变化较大，是儿童向青年过渡的时期。尤其到高中以后，女孩子胸部开始隆起，臀部突出，腰肢纤细，男孩肩宽臀窄，均已呈现出成人体态，已有了自己的审美意识，懂得在不同场合服装的选择。服装款式虽然与成年人的服装类似，并且有一定的流行时尚，但在造型上要注意体现少年儿童特殊的美感。女装要能体现女性的活泼、可爱、纯真的感觉，以连衣裙、运动时装、淑女装为主（见图7-53、图7-54）；男装以各类休闲装、运动装组合为主，以体现少年生机勃勃的特点（见图7-55）。少年服装在面料选择上比其他年龄段的童装设计更为广泛，可以根据季节、喜好选择合适的面料，色彩图案的选择不宜过于鲜艳。

▲ 图7-49 学龄女童服装

▲ 图7-50　加荧光涂层的针织面料

▲ 图7-51　和谐明快的色调

▲ 图7-52　具有装饰性和华丽感的礼服

▲ 图7-53 女装

◀
图7-54 运动时装

▲ 图7-55　少年男装

第四节 ● 服装的系列设计

一、系列设计的概念

1. 系列

所谓系列，是有概念范围的。作品或者产品的系列，是指基于同一主题或同一风格具有相同或相似的元素，并以一定的次序和内部关联性构成各自完整而相互有联系的作品或者产品的形式。

2. 服装系列设计

服装系列设计即服装的成组设计。服装的设计是款式、色彩、材料三者之间的协调组合，设计师在进行两套以上服装的设计时，将形、色、质贯穿于不同的设计中，使每一套服装在形、色、质三者之间实现某种关联性，这就是服装系列设计（见图7-56）。

系列设计的重点在于完成服装设计和整体搭配这样一个着装状态的创造活动过程。在思维层次上，设计构思包含了科学技术和艺术审美这两种思维活动的特征，或者说是这两种思维方式整合的结果。把握好统一与变化的规律问题决定了服装系列设计的成败和优劣。

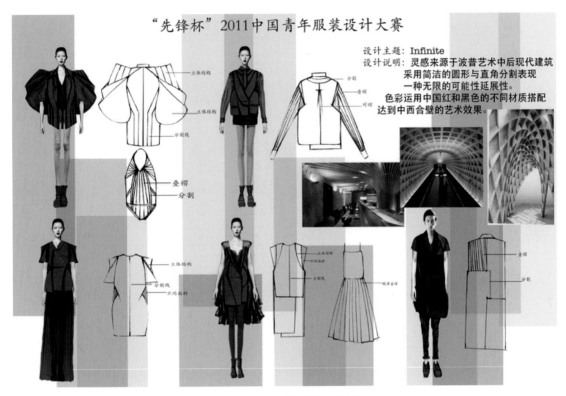

▲ 图7-56 服装的系列设计

3. 组成系列的服装套数

服装的系列设计按照每个系列的套数可分为小系列（3～4套）、中系列（5～6套）、大系列（7～8套）和特大系列（9套以上）。

决定系列的规模和数量的因素有很多，比如设计构思的特点、客户设计任务的要求、设计师的兴趣、创作情绪以及设计中的偶发因素、后期展示的条件等。

二、系列设计的要点

1. 服装系列设计中的同一要素

在服装的系列设计中，服装的整体轮廓或款式细节、面料色彩或肌理、结构、形态或图案纹样、服饰配件或装饰工艺等，会单个或多个地在作品中反复出现，从而使服装系列具有某种内在的逻辑联系和整体感观性。

2. 同一要素在服装系列设计中的应用

同一要素在系列具体款式中出现时要进行不同的形式变化，比如大小、长短、疏密、强弱、位置等变化，使每个款式具有鲜明的个性特点（见图7-57）。

▲ 图7-57　同一要素在系列设计中的运用

3. 服装系列设计中的统一与变化

服装的系列设计在统一、变化规律的应用方面遵循的原则是"整体统一，局部变化"，变化是绝对的，统一是相对的，通常表现为群体的完整统一和单体的局部变化（见图7-58）。

4. 服装系列设计的流行感

时下流行的服装系列设计趋向于灵活多变、不落俗套的个性化效果，需要对同一要素采取整减、转换、分离等变异手法，在局部变化增强的基础上，获得服装系列的统一感。

三、服装系列设计的形式

服装上的各种要素按照意念需要可以凝聚成为系列的设计重点，甚至升华为设计主题，因强调的重点不同，产生出不同的系列表现形式。

1. 强调色彩的主调或组合规律的系列设计

突出色彩组合规律的系列设计，通常是以某组色彩为系列服装主题色彩，将其运用在系列中的单件服装上，保证每件套服装的主色调或组合色彩的数量不变，改变色彩的

▲　图7-58　系列设计的统一与变化

组合位置或色块分割的面积，以求得整体色彩变化丰富的效果。例如：主色调统一的系列设计、分割色为主的系列设计、对比色为主的系列设计或色彩层次渐变的系列设计等（见图7-59）。

2. 强调面料对比组合效应的系列设计

随着科学技术的进步，人们开发出越来越多的新型面料，仅表现织物表面不同肌理的，就有起绒、起皱、拉毛、水洗、石磨等。在服装设计中，不同材质的面料对比应用，相映成趣，产生出不同的外观效果。

单色面料做成的服装系列重视造型结构，而花色面料的服装系列设计更注重挖掘面料本身的艺术内涵，追求图案纹样的统一或变化。

3. 强调整体或局部造型创意的系列设计

（1）整体廓形系列　服装的外部造型虽然一致，但如果内部结构细节不同，整个系列服装在保持廓形特征一致的同时，仍然会具有十分丰富的变化形式，因此也增强了系列服装的表现力。

利用同一种服装的外廓形进行多种的内部线条分割，这种方法俗称服装结构中的"篮球、排球和足球式处理"（三种球的外形都是圆的，但有着不同的结构线条分割）。运用同形异构法，需要充分地把握服装款式的结构特征，线条处理力求合理有序，使之与外廓形构成一种比较协调的关系（见图7-60）。

161

▲ 图7-59 强调色彩的主调或组合规律的系列设计

▲　图7-60　强调整体廓形的系列设计

（2）局部细节系列　将服装中的某些细节作为系列的元素，使之成为系列中的关联性元素来统一系列中的多套服装。如，面料图案的一致性及服装配件的统一性都会使整套服装有很强的系列感（见图7-61）。

4. 题材系列设计

题材系列设计是指在某一设计题材指导下完成的主题性设计。主题是服装设计的主要因素之一，任何设计都是对某种主题的表达。设计应围绕主题进行造型、选择材料、搭配色彩，以反映设计的主旨。

一组作品是否构成系列，可以从系列作品的设计构思、实践至完成过程中的下面几点进行检测：①作品造型的风格是否贯穿于整个系列之中；②单套颜色的运用和系列配色组合是否体现出一组主色调色彩效果在系列的每一个款式之中应有的节奏变化；③纹样和饰品在装饰的变化中是否能为系列作品添枝加叶，烘托出服装欲表达的意境氛围；④材料的表现和材料的肌理特性是否给款式造型注入了活力，并形成整体协调而又有局部变化的系列构思；⑤分割线的方式和缝制工艺手法是否表现为统一的风格等。

另外，更多的服装系列设计是集中上述两种或两种以上设计元素的系列服装表现形式，是这些设计元素的一种综合运用。在服装系列中，设计元素之间特点鲜明，既互相联系又互相制约。虽然服装设计系列的表达形式多种多样，但是为了形成系列感，必须合理均衡各种设计元素的种类和表现力度，达到变化丰富又和谐统一的系列设计效果。服装系列间的跳跃性可以很大，但最终要统一它们彼此间的差异性，使整体服装系列设计整合在共同的主题和风格之下。

▲ 图7-61　强调局部细节的系列设计

思考与练习

1. 设计一系列3 ～ 5款女性白领职业装，要求时尚与古典相结合。

2. 设计一系列3 ～ 5款礼服裙，要求款式新颖，有创意。

第八章
现代服装的设计程序

学习目标

1. 通过对现代服装设计程序的学习，应对品牌风格、设计定位有一个系统的认识。
2. 能够贴近市场，了解设计的实际环节及相关运作程序。

现代服装的设计主要是以成衣的设计、生产、销售等过程来体现的。在服装的设计过程中，市场成为检验设计优劣的主要标准。对设计师而言，设计工作不再是单纯的个人风格的体现和表达，它不仅要求设计师对服装造型、面料的选用、色彩的搭配要有很好的掌控能力，还要兼顾到品牌风格、消费者接受能力、流行的变化等诸多因素。

第一节 · 服装设计定位

品牌服装要赢得市场，准确的产品定位是决定其成功的主要因素。作为产品定位的具体操作者，设计师应具备敏锐的市场洞察力。对相关信息的搜集、整理、分析工作显得尤为重要。

一、品牌市场的定位

自20世纪90年代以来，我国的服装产业在国内得到了较大的发展，其生产模式也从以往的以大批量加工为主逐步转化为以追求品牌效益为主的生产模式上来。尤其是自2005年1月1日起，我国的纺织品便迎来了"无配额时代"，在这种大背景之下，国内的纺织与成衣产业很快进入到高速扩张时期。面对大环境之下的机遇，国内服装厂商更加立足于走建立自主品牌，提高成衣附加值的道路。品牌服装也以其良好的信誉、个性鲜明的风格、优秀的设计与做工受到广大消费者的欢迎与信赖（见图8-1）。对于服装品牌的设计、生产、销售来说，最重要的前提是对消费市场做出准确的定位，确立品牌发展的方向，以此制定企业品牌相应的发展计划。

品牌市场的定位可分为两类：一类是按照目标消费者的特征来分，包括年龄、受教育程度、心理特征、地域特征、生活方式等；另一类是按照消费者的反映来区分，包括购买时机、购买态度、品牌忠诚度等。

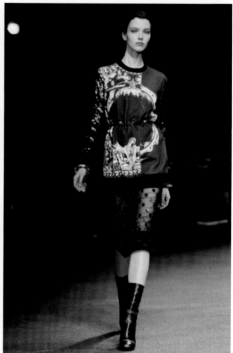

▲ 图8-1　知名品牌产品Givenchy2013年秋冬高级成衣

品牌市场的定位主要是指对目标消费群的定位，是指品牌产品瞄准的购买人群。我们可以看到，目前市场上大大小小的品牌层出不穷，行业间的竞争日趋激烈。要取得市场份额就必须准确地定位自身产品所面对的消费人群。如何确定目标消费群？这需要进行大量的市场调研工作，进行有效的信息收集与分类，其中包括消费者的年龄、收入状况、社会背景、知识层次、生活背景、穿着场合等诸多因素。对于服装企业来说，它对此做出的工作应是大量并细致的，所包含的内容与分类也是详尽且科学的，由此得出的分析结果才能准确地指导企业品牌相应的定位、设计、生产等工作。

1. 年龄层次的定位

年龄的划分是品牌市场划分的最基本的要素之一。不同年龄的人群对服装色彩、造型、风格以及消费观念等方面的喜好有着较为鲜明的差异，这种差异使定位显得尤为重要。所以，我们在市场上经常看到青少年装、中老年装（见图8-2）、童装等以年龄层次进行分类的品牌。

▲　图8-2　中老年装

2. 地理区域的定位

　　这是根据目标消费者所处的城市状况、人口密度、气候特征等来定位的。比如说，一个城市的大小、开放程度直接影响到人们对流行的接受程度。像城市规模较大的、经济发展较好的沿海开放城市，其居民的消费观念大多也较为开放；反之，一些内陆城市则显得传统、保守一些。至于气候的冷暖特征，就更直接影响到每季新款式的投放。图8-3为欧美发达地区的穿着表现。

▲　图 8-3

▲ 图 8-3 欧美发达地区的穿着

3. 生活方式的定位

现代服装设计从某种角度上理解，其实是对生活方式的一种设计。生活方式指的是人们对生活所持有的一种态度。在今天，人们的生活方式较以往有了更多样化的内容，包括学习、工作、休闲等。人们更懂得如何善待自己。例如，20世纪80年代的中国，人们刚刚接触到"休闲装"这一新鲜事物，一夜之间大江南北，到处都泛滥着廉价、粗糙的所谓"休闲装"。这是刚刚开放的中国人对新生活的一种渴望。今天我们看到国人对于生活方式的选择已日趋成熟、理性，与之相应的"休闲"概念的划分也越来越细。我们从国内外品牌的市场热销便可看出这一点（见图8-4 ~图8-6）。

4. 价格的定位

价格是根据目标消费群的收入水平来定位的。品牌根据设定的消费群的收入和接受程度来确定产品的价格档次，市场上的服装产品分为低档、中档、高档等不同的层次。更多的品牌为了扩大自己的消费群体，会采取二线、三线等副线品牌，并制定相应的价格档位以适应不同的消费群体。像我们熟悉的意大利品牌范思哲（Versace），它的品牌线有：
① Atelier Versace高级定制服装；
② Gianni Versace男女正装系列；
③ Versus纬尚时，年轻系列二线品牌——男女年轻系列（成衣系列，中档）；
④ Versace ClassicV2范思哲经典V2——男装品牌；
⑤ Versace Sport运动系列；
⑥ Versace Jeans Couture牛仔系列；
⑦ Versace Young童装系列。

▲　图8-4　户外休闲

▲　图8-5　运动休闲

▲　图8-6　生活休闲

图8-7为范思哲品牌系列产品。

二、品牌设计风格及产品类别定位

1. 产品设计风格

产品设计风格指的是自身有别于其他同类的独特性和差异性，具有明显的个性面貌。在商品极大丰富的今天，消费者通过选择会对自己认同的品牌产生认同感与归属感。由于消费者文化修养、生活环境、经济状况等的不同，对服装的风格要求也不同。品牌设计的风格也会根据目标市场作出不同的定位。对于品牌设计来说，风格一旦确定下来，就不能随意更改，否则会带给消费者混淆模糊的品牌概念，无法长期立足于市场。从许多世界级品牌的发展中，不难看出这一点。在很多服装公司里，当所雇用的设计师不符合品牌的风格时，即使

▲ 图8-7 范思哲品牌系列产品

设计师的名气再大，也会毫不犹豫地将其撤换。当一个品牌要拓展其风格时，会采用开发二线品牌的方法来适应市场。

品牌风格的创立一般有两种形式：一种是由设计师创立并延续下去，如Dior、Chanel、CK等由设计师创立的品牌，其风格保留了明显的创立者的风格；另一种是由服装企业决定的，像西班牙的女装品牌ZARA，其品牌定位是年轻、时尚，为了保持自身的风格稳定，它在设计作品时会经过多方讨论修改，以防止因设计师自身个性太强而影响品牌风格。

常见的风格分类有：古典风格、优雅风格、田园风格、叛逆风格、浪漫风格、民俗风格、前卫风格、休闲风格、运动风格、都市风格等。

2. 产品类别定位

服装的产品类别指的是以服装穿着的时间、目的、场合分类的服装类别。如在家穿着的家居服，户外休闲穿着的休闲服，参加宴会穿着的礼服、正装等。

在成衣的设计生产过程中，各大品牌已不满足于单一类别的服装开发，而是向着多品种、系列化的方向迈进。我们在专卖店购物时，不但可以买到上衣、裤子，还可以买到与之搭配的腰带、帽子、内衣等。这样既带给消费者便捷的搭配，也提高了产品的整体性，同时扩大了品牌的市场份额。但是，像这样的多类别定位时，要注意到主打产品的中心发展地位，同时还要兼顾到附属类别的丰富与发展，确立产品的主次地位及产品的数量配比。

三　营销策略的定位

营销策略主要指产品的销售渠道。现在的服装市场，国内外品牌如雨后春笋般出现在人们的视线内，要让消费者迅速地认知并购买，同时还要取得最大限度的利润空间，除了产品本身的品质外，还要注重发掘品牌的深层含义，即品牌文化。我们从服装的广告宣传中可以看出这一点，这种文化的宣传体现多表现于服装的卖场装修上。

现代成衣的销售途径主要通过大型超市、百货公司、专卖店（见图8-8）、网络商店、

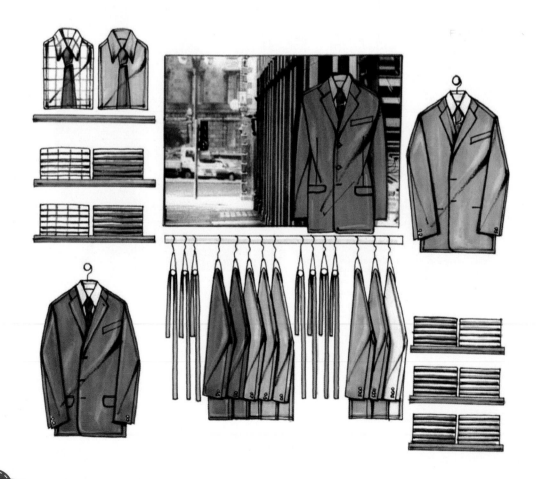

▲　图8-8　品牌服装店铺陈列规划

服装店、批发市场等渠道以零售的形式实现。在选择销售途径时，要根据产品的定位来选择合适渠道，例如一些低档的、价低利薄的服装常通过超级市场进行销售，一些中高档品牌则选择信誉好的高档商场以专卖场的形式销售。

　　对于成熟品牌来说，因为品牌本身恰当的宣传、在消费者中的影响力以及相对稳定的客户群，会使它形成以专营店、品牌代理、品牌代销、品牌加盟等形式组成的销售网络。企业也会为其网络建立完善的配货、物流、售后等服务体系，以保证其产品的销售。

四、产品的发展规划

　　品牌生命力的延续需要企业完善的发展规划。它包括对现有产品的前景规划、新产品的开发、产品体系的延伸与完善、营销市场的开拓计划等。

　　企业的决策机构要时常关注国内外纺织品市场的大环境，看准时机，寻求品牌的生机与发展。

26. 服装品牌定位

27. 品牌服装产品企划

知识窗

户外运动及户外运动装

户外休闲运动是近年来颇受大中城市年轻人喜爱的一项运动。户外休闲运动多数带有探险性，属于极限和亚极限运动，有很大的挑战性和刺激性。它的这一特性吸引了许多在城市中过惯了安逸生活的年轻人。户外运动也可以说是体育运动和旅游相结合的一种个人爱好。

目前在我国开展的主要户外休闲运动有登山、攀岩、蹦极、漂流、冲浪、滑翔、滑水、攀冰、穿越、远足、滑雪、潜水、滑草、高山速降自行车、越野山地车、热气球、溯溪、拓展、飞行滑索等。与运动相配套的服装及专业装备也随之在市面上火爆起来。在国内，上海、北京每年都会定期举办户外运动服装及装备展会。

登山有专门的登山防风衣和背带裤，滑雪有专门的连体滑雪衫，每个运动服装细说起来都很复杂。简而言之，根据功能就分三类，即从内到外的三层：内层、保温层、外套层。不是三层都一定要穿，冷了添一层，热了减一层。掌握了这三层原则，一般户外运动就可以根据天气和运动类型灵活搭配了。

（1）内层 户外装讲究全副武装，从内衣开始装备起来。平日里纯棉内衣穿着舒服，然而到海拔3000m以上的高寒地带，棉内衣就可能成为杀手。棉吸水性强，但干得慢，当剧烈活动出了一身汗以后，一冷下来人就很可能被冻伤。所以内层要起到尽快把汗水排干的作用，如用CoolMax这种吸湿排汗性能好的材料做内衣就很理想。

（2）保温层 在户外服装中，五颜六色的抓绒衣很惹眼，其实它就是保温层的最佳材料——FLEECE。虽然羽绒和羊毛仍是不可取代的保暖材料，但羽绒的缺点是受潮时保温性能下降，干得又慢。人造材料抓绒，因防风保暖又透气而大受欢迎。抓绒衣平日里也可当外套穿。

（3）外套层 在恶劣的户外环境中，刮风下雨都能够保护身体的就是外套冲锋衣了，其作用是防风、防水、透气。大名鼎鼎的Gore-Tex的技术在这方面大显身手，该技术已被注册，大多数户外品牌服装上都有它的标识。除此之外，还需根据所进行运动的特点来决定外套的其他功能，例如去攀岩，外套还要有耐磨损性能。

科技亮点

（1）户外休闲服 近年来，普通户外运动爱好者穿着的服装面料在科技含量上有了较大的提高。户外休闲服大多是由Gore-Tex纤维制成的服装，其防水耐磨性均属一流。

（2）长裤 在茅草比人高的原始森林里穿越时，需要尽量保护自己不被擦伤。很多品牌的耐磨裤都含有高强度尼龙，如Cordura，很多冲锋衣也在肩膀和肘部等易磨损的地方用它加固。

（3）徒步鞋　徒步运动对服装要求不高，但鞋子一定要专业。相比一般旅游鞋，徒步鞋底多了防滑纹路设计，如很多鞋底都有一个黄色标Vibram，它是意大利的一种防滑耐磨材料。

推荐品牌

TTISS有时候又写成ttiss，2001年开始在国内推广，总公司设在天津，为德资投资的企业，主项为户外运动服装的出口业务。TTISS品牌一出道就以滑雪作为推广的重点，致力于推广中国自己的户外品牌，在国内是一个比较有创新的品牌。TTISS定位在中高端的市场，服装系列包括滑雪、专业户外和休闲户外三个系列。

哥伦比亚（Columbia）是美国户外第一品牌，产品包括雨衣、雨帽、户外衫裤及配饰、风衣、T恤、衬衫、功能裤、背包、鞋及滑雪服等。

狼爪（Jack Wolfskin）是德国户外第一品牌，产品有背包、户外鞋、帐篷、睡袋、各类服装及配件等。

菲叶（Lafuma）是法国著名品牌，产品有背包、户外鞋、帐篷、睡袋、各类旅游服装及配件、野营用品等。

宾恩（LL Bean，美国）经营多种休闲用品，也有户外器材，其产品全都通过邮购和网上直销，没有代理商。

土拨鼠（Marmot，美国）的主要产品有雪地服装、羽绒睡袋、高山冲顶帐篷等，深受登山爱好者欢迎。

山河（Mountain Hardware，美国）的主要产品有户外服装和帐篷，其帐篷的设计细节是最好的。它是户外服装的领头羊。

巴塔哥尼亚（Patagonia，美国）的服装裁剪比其他户外产品更好一些，细节方面也很优秀，其抓绒产品深受欢迎。

维德（Vaude，德国）产品几乎包括所有的户外用品。在服装方面，它拥有自己的一些专利材料。

第二节 ● 品牌成衣的设计步骤

品牌设计不同于日常学习中的设计作业，与作业相比较，它不再是一种单纯的个人行为，而是具有合作性、目的性、市场性等特点。从提出、构思、完善、样衣制作到推向市场，无不关系到设计师、企业管理者、技术人员等的配合与协作。成衣设计在实践中有着一定的程序。完善的程序会使设计工作有条不紊地展开，各环节配合丝丝相扣，减少了设计、生产环节的失误。每个成衣企业在具体实行时，根据企业特点不同，程序也会略有不同，但大体步骤如下。

一、资料信息的收集与分析

在熟悉品牌风格、设计定位、产品类别、销售区域季节等因素的前提下，产品的市场调研活动主要是针对产品造型、面辅料的选择、消费者各项需求等内容展开的。有了第一手翔实准确的信息，会使设计的目的性更加明确，让设计更加贴近市场，为利润的取得提供了基础。

市场调研常通过观察、问卷等形式先取得最直观的资料，再对资料体现的信息进行分类、归纳、整理，最终作出统计。市场调研的内容一般根据目的不同由专业人员进行设计，内容也会因任务的不同而各不相同，它包括色彩、面料、卖场、服务等多方位的内容。

设计人员也可以通过各种专业展会、流行发布、时尚杂志等搜集自己的灵感素材，结合流行趋势提出新一季的设计概念。

二、设计理念及主题的确立

在相关信息资料整理完善的基础上，设计师、销售人员、部门主管需要进行讨论，共同确定新一季产品的设计理念和主题。讨论结果必须遵从品牌风格和设计主题，要在节约成本的基础上兼顾企业自身的实际条件。设计概念确定后，大多是通过概念稿的形式表现出来的。概念稿的构成包括：

（1）流行概念　主要是相关流行信息的综合。它可以是意识形态领域的，也可以是科学技术领域的，还可以是其他任何领域的。

（2）流行色彩　流行色彩包含了设计师对风格的理解和对流行色彩的提炼。色彩的选择应与主题相符合，各色之间搭配要和谐统一。

（3）面料、辅料概念　面料是设计表达的主体，是设计师实践中的关键素材。面料选择要注意新面料的提出与准备，面料的选用要有新意。

（4）造型概念　依据品牌风格设计理念，造型应符合设计主题，主题鲜明，外部造型与内部结构应相互配合、协调一致。

（5）效果图　效果图应根据相关流行趋势的收集绘制完成。完整的图稿需包括穿着效果图、款式图、细节说明、客户号型表等。

（6）产品类别明细 将新一季的任务以表格的形式，依次列出各个品种的种类、数量、分配比例等。

在品牌服装的设计过程中，还需要明确设计人员的分组、分工，做到人尽其用，达到人员的最佳配置。还要有款式的详细设计说明，对工艺、版型的特殊要求等。另外，配饰、商标、唛头、洗涤标等都要加以说明并指出。在设计作品完成并推出后，设计师还要及时搜集市场的反馈意见，并做出相应的调整，为下一季产品的设计开发做好准备。

三、样品的试制

样品试制是产品成型的重要环节，它可以直观地评价设计师的设计构想、着装效果、工艺水平、成本核算等，从而预测出大货的上市效果。它要求设计师对服装结构和工艺都应有一定的了解。在这一环节中，设计师要与工艺师、样衣工紧密配合，随时沟通，共同解决实际过程中与图稿出现的差异，让设计构思能够完美地得到表达。样品在试制环节中可能还会出现诸多问题，一般需要一个试制及完善的过程，这样就可以在发现问题的基础上对设计、版型、工艺、面料选用等方面进行调整和修订，直至达到满意为止。

四、产品推向市场

样衣被确定后，工艺师确定号型表，做好样板的放缩推档，做好工业样板，制定工艺流程书，进入批量生产环节。设计师也应跟进监督，以确保产品在生产时的完好。大货生产完毕，经过整理、定性、包装设计等流程后，就可以根据产品的上市流程表，进店上架进行销售。

产品推向市场后，生产厂家的销售人员会通过服装销售会、订货会、市场销售洽谈会等形式，征求并收集来自销售商、消费者等方面的意见和市场信息，并及时反馈给设计师以及生产部门，以便获得及时的修正和解决，直至获得市场的认可，取得良好的经济效益。

五、产品的推广

产品推向市场后，不是听之任之，"酒香不怕巷子深"的年代已经过去了。各品牌商家会为自己的品牌形象、新品上市进行广泛的宣传，宣传手段的花样也层出不穷，其目的在于提高市场对自身产品的认可度，刺激消费者的购买欲。

（1）选择品牌代言人 我们看到，国内大多服装品牌都为自己选择了品牌代言人。选择标准要求代言人风格、气质、成就等与品牌内涵接近。如利郎男装选择影视明星陈道明，恰到好处地体现了品牌优质、高贵的气质；而歌星周杰伦则因其不羁的街头风格成为许多休闲品牌的首要人选。

（2）媒体广告 现在的媒体广告不仅包括电视、报纸、杂志等传统渠道，还包括网络传媒、直投广告（针对特定人群发放的印刷品）等。

（3）服装展示会 有一定实力的商家都会定期举行服装展示会。其中有流行趋势的发布展示会，有面对销售商的成衣展示会，也有推广品牌概念的展示会。

克里斯汀·迪奥（Christian Dior）

迪奥的名字"Dior"在法语中是"上帝"和"金子"的组合。以他的名字命名的品牌Christian Dior（简称CD），自1947年创始以来，一直是华丽与高雅的代名词。不论是时装还是化妆品或其他产品，CD在时尚殿堂一直居于顶端。

迪奥是一个天生的设计师，他从没学过裁剪、缝纫的技艺，但对裁剪的概念了然于胸，对比例的感觉极为敏锐。

1947年2月12日，迪奥举办了他的第一个高级时装展，推出他的第一个时装系列，名为"新形象"（New Look），打破了战后女装保守古板的线条。这种风格轰动了巴黎乃至整个西方世界，给人们留下了深刻的印象，也使迪奥在时装界名声大噪。

不久，Dior带着他的第一个时装系列"新形象"成功地将崛起的事业发展到了大西洋的彼岸——美国。Dior那半遮脸的宽边帽及沙沙作响的大摆长裙，让人们追忆到更古典的时代。这便是Dior强调的一种新风格。

Dior在第二期创作中大胆地运用了黑色。其黑色纯羊毛长裙的裙围周长竟达40米。Dior将第二期作品取名为"Dierame"。

随后，Dior有计划地将他的事业发展到古巴、墨西哥、加拿大、澳大利亚、英国等国家，短短的几年中在世界各地建立了庞大的商业网络。

20世纪50年代推出的"垂直造型"及"郁金香造型"就是迪奥提倡时装女性化这一设计理念的表现。1952年，迪奥开始放松腰部曲线，提高裙子下摆。1953年，其更是把裙底边提高到离地40厘米，使欧洲社会一片哗然。1954年，其设计的收减肩部幅宽，增大裙子下摆的H形，以及同年发布的Y形、纺锤形系列，无不引起轰动。这些简洁年轻的直线型设计，依旧体现着他那种纤细华丽的风格，并始终遵循着传统女性的标准。

思考与练习

搜集国内知名的成功服装品牌的相关资料，对其产品的市场定位、风格、营销方式等方面作出综合分析。

第九章
服装的流行

学习目标

1. 能够对服装的流行作深入分析，掌握服装流行发生的原因、流行的规律、流行的传播媒介等。

2. 通过对本章的学习，能够从根本上分析流行形成的各种因素，并能对服装流行作出科学的预测，把握流行趋势，指导今后的设计工作。

当今时代，"流行"一词恐怕是使用频率最高的词汇之一，流行的发型、流行的服装、流行的家居设计、流行的色彩、流行的休闲方式……从实用生活到精神生活层面，流行成为一种社会现象。

服装流行是人们精神生活的典型表现，它是在一定时间和空间范围内，人们对服装（包括款式、色彩、材质及着装方式等）的喜爱，并以模仿为媒介使之成为整个社会的普遍现象传播开来，成为大众共同的喜好。服装的流行跨越了国界，世界各地的人们创造着不同的服装风貌，却又在一定时期表现出惊人的相似。作为反映时代风貌的一面镜子，服装的流行映像出一定区域和一定时期的人们的审美倾向、文化面貌及社会的发展历程。今天，服装已经成为流行最鲜明的载体。

对于服装设计者来讲，研究服装流行的趋势和规律，可以更好地把握时尚的脉搏，了解消费倾向，设计出适应时代需求的作品。

第一节 ● 服装流行的原因

服装所具有的自然科学性和人文科学性，决定了流行原因的多样性，但总体来讲，有内因和外因两个方面。内因指的是人的心理活动产生了对美的事物的向往，对新鲜事物的欲求，促成了流行的周而复始的变化；而外因则是指自然因素、社会因素等外在环境对流行起到了推动或制约作用。

一、自然因素

在服装起源的论述中，自然因素是服装产生的基本因素之一，它决定了服装的实用性功能。正是自然因素的存在，对服装的流行起到了宏观的制约作用。

人们所生活的地域，环境、气候等自然条件各有差异。地域环境的不同、四季的更替都对服装的流行产生了重要的影响。不同的地域环境下，其温度、湿度、光照、风速等存在很大差异。为适应这些气候特点，服装也各具特色。相对于服装流行这个总体概念而言，世界各地的人们根据其所处的不同气候条件，对服装的款式、色彩、材质及着装方式进行了适度的选择和调整。当然，气候环境的优劣也影响了流行的周期变化，气候条件较好的地区，周期变化短，反之则长。

另外，人们赖以生存的地域环境正是本区域服装文化生存与发展的物质基础。由于人们所处地域环境的不同，生活习惯必然存在差异，顺应不同的生活习惯，服装的产生也必然具有其独有的特色，这一点可以从世界各地的民族服装中略见端倪。当然，由于地理位置与人文素质的不同，对服装流行的信息接收也各有不同。以我国为例，上海、北京等中心发达城市其服装的流行速度快；而在一些偏远的地区，由于人们受到自然条件、地理环境、交通条件等的影响，对于流行信息的接受就要慢得多，流行周期长，有的甚至还保有几十年、上百年前的穿衣习俗，这也形成了一些独有的民族特色。值得一提的是，这些民族服装由于其特有的服饰文化，又为设计师们所关注，成为民族风潮、回归风潮的流行源头（见图9-1）。

▲ 图9-1 少数民族着装与带有民族风貌的时尚着装

二、社会因素

一部服装的发展史就是人类文明变迁的历史，一个社会的政治、经济、文化思潮、科学技术、战争等因素都对当时当地的服装潮流产生了重要影响。

1. 政治因素

服装与政治的关系密不可分，纵观人类历史的发展，每一次政治变革都不同程度地推动了服装发展的进程。在中国历史上，服装作为政治的一部分，其重要性远远超越了服装在现代社会的地位。政权的规制使得服装在款式、色彩上表现出很大的等级色彩，成为政权和统治地位的象征。中国历代区分尊卑等级的"易服色"，就是重要表现。为达到"天下治"的目的，君主对服色制定了严格的规范，天子、诸侯乃至百官，从祭服、朝服、公服一直到常服，都有详细规定，任何人不得僭越，显示出浓厚的政治色彩。服装的流行也因此存在于不同的社会阶层中，具有明显的等级色彩。

2. 经济因素

经济因素对服装的影响是显而易见的。经济落后、生活质量水平低时，人们对服装的概念是护体遮羞之物，是社会规范和生活习俗的需要；经济发达、生活质量水平高时，人们对服装的需要便跃入了精神层面，服装成为可以使心理得到满足，使人心情愉悦之物，更是追随社会流行的重要载体。

新型面料、辅料的开发运用，加工手段的开发，服装市场的运作经营，都以经济作为依托。同时，服装的流行又代表着一种高雅的、新鲜的生活方式，彰显了一个地域、一个国家人们的生活水准、经济状况。我国从改革开放以来，国民经济大踏步前进，人们的审美观念随思想的开放进一步深化，不再满足于过去一成不变的款式、色彩，对服装的要求不断提高，更多地注重服装的新颖性、时尚性、舒适性、个性化，服装流行的速度也越来越快，品牌意识逐渐深入人心，国际著名品牌纷纷将目光瞄准中国，服装文化空前活跃。对服装美的认识，刺激了人们对高品质生活的追求，也进一步促进了经济的发展。

3. 文化思潮

一种流行现象往往是在一定的社会文化背景或文化思潮下产生的，服装的流行同样受到了不同时期文化思潮的影响，表现出迥异的服装特色。封建社会，历代帝王利用思想上的大一统方式来巩固其统治地位，这一点在历代的服饰中表现尤为深刻。如宋代的程朱理学，它强调封建的伦理纲常，提倡"存天理，去人欲"。在服饰制度上，一改唐代繁荣富丽、博大自由的服饰风尚，表现为十分重视恢复旧有的传统，推崇古代的礼服；在服饰色彩上，强调本色；在服饰质地上，"务从简朴""不得奢华"。可见在当时的思想文化影响下，服装是何等的拘谨和质朴。

此外，东西方文化的差异对服装造型的影响也可见一斑。东方文化讲究对称、和谐、统一，追求"天人合一"的境界，传统服装运用平面裁剪的方法，以直线构型获得左右对称的形式，着眼于两维效果，不注重人体的曲线表达，整体服装造型宽松舒适，无论是秦汉时期的深衣长袍还是清朝的旗装马褂，都表现出这一特点。西方文化则以求真为目的，表现出一种外向性的、非对称的、追求本性之美的审美情趣，西方古典造型艺术讲求写实与模仿，注重塑造对象的长高宽三维空间的再现。因此，服装造型使用立体裁剪的方式强调出人体曲线和三维效果，并着重强调空间造型，像上紧下松、下身膨大的洛可可风格的女装，凸显出人体的美感。

如今，随着国际一体化趋势的发展，东西方文化交融，服装已突破了传统和民族的界线，世界各民族、传统服装早已成为时尚设计的重要元素，服饰文化空前融合，流行舞台可谓是繁花似锦、流光溢彩（见图9-2）。

▲ 图9-2 文化形态影响下的旗袍演变

4. 科技的影响

自19世纪初英国工业革命以来，服装行业迅猛发展，织布机、羊毛织机的发明，化学染料和印染技术的产生，化学纤维、合成纤维的问世，使服装产业发生了质的飞跃，这无疑是科学技术带来的深刻影响。特别是现代科学技术的高度发达，各种新面料，先进的纺织技术、印染技术，给面料的质感、花色都带来了更多创新。近年来，高新技术的研究被应用于服装材料。这些高科技面料的应用，不仅强化了服装的物理性能和化学性能，也使服装具有了更高的技术含量。这一切都给现代服装设计提供了更大的创意空间（见图9-3）。

▲　图9-3　科技发展带来的各种新型材质

除了上述几种社会因素对服装流行产生重要影响外，还有诸多因素会对服装的流行产生推动作用，如文学艺术、宗教、战争与和平以及人们的生活方式等。例如在欧洲艺术史上，无论是哥特式、巴洛克、洛可可艺术，还是其他艺术流派，都曾深刻地影响了服装的流行。如中世纪流行的哥特式高耸的帽子；圣洛朗作品中折射着毕加索的精髓、俄罗斯的风格、东方的韵味；加里亚诺则喜欢从不同国家不同民族传统艺术中汲取灵感。今天，时尚和艺术不断地进行着频繁的对话，艺术无止境地激发着时装设计师的想象力。立体画派大师Georges Braque曾经这样说过，"艺术就是使某种形式变成流行的东西。"而宗教对服装的影响可以说无处不在。有学者认为，人类对服装的最初需求是源于对宗教的信仰和图腾崇拜，各种教派以各自的教义与信仰影响着服装的流行与传播。

一个人的文化背景、物质条件、精神追求，在很大程度上决定了他的生活方式，而生活方式又影响了其对服装流行的选择。社会的发展也使人们的生活方式趋于多样化与个性化，物质条件的发达带来的是对新鲜事物的热衷和追求，以及对艺术、对美的渴求，这一切都对服装流行和传播提出了更高的要求。

三、生理因素

"衣必常暖，然后求丽"，墨家的思想深刻地道出了服装的实用属性。人的生理特征与服装流行有着密切的关系。服装是人的第二层皮肤，是人体皮肤的扩展与延伸。服装是人们用以蔽体保暖的重要工具。服装的隔热性能、透湿性能，服装材料的力学性能、阻燃性、抗静电性、防水与防风能力，服装的合身程度、对身体的压力以及对皮肤的触感等，都是对服装最基本的要求。人们的审美观不尽相同，但对服装的生理要求却大同小异，唯有可以更好地满足人们生理要求的服装，才能得以流行和传播。

四、心理因素

爱美之心是人类与生俱来的本质，在对服装生理性需求的同时，人的各种复杂的心理性需求对服装的流行也产生了重要的推动作用。

1. 两种心理倾向

在影响服装流行的心理因素中，存在两种心理倾向，分别是求异心理与求同心理，它们可以说是服装流行产生的源动力。

所谓求异心理，是指追求新、奇、异的心理。社会中总有一部分人，他们喜欢与众不同，喜欢在芸芸众生中特立独行，这种心理往往通过个体的着装表现出来。这些人总是走在潮流的最前端，是时尚的引领者。

而另外一部分人，则喜欢安于现状，时刻抱以求同的心理，不愿被别人看到自己有任何特殊之处，更愿意与周围的人保持一致。他们不喜欢标新立异，希望融合于大众，在习惯中获得安定感。这部分人是服装流行的消极追随者。

随着时代的发展，存在求异心理的人越来越多，尤其以年轻人居多，他们通过个性的装扮来突显自己，唯恐别人与自己相同，这些人是流行的开拓者。时尚的发型、新潮的服装、时髦的形象很快就会吸引一批追随者，此时，这种流行就被普及开来。那些求同心理较重的人，虽不热衷于追赶时尚，却担心会被别人耻笑于自己的保守落后，不得不紧随流行，融入流行大潮中。随着这一部分人的加入，流行得到最大限度的普及，成为一种普遍现象。于是，最初引领流行的那部分人在他们求异心理的驱使下，又开始了新的时尚制造。

2. 爱美求新心理

人对美的追求总是无止境的，从原始社会的刺面文身，到现代文明社会的时尚装扮，无不体现着人们的爱美之心，这也正是流行普及的重要因素。

正如上所述，当求异心理的人群创造出新奇、美的形象时，就会吸引一大批追随者，这些追随者就是在爱美求新的心理作用下，将流行普及开的。他们是流行的积极追随者，他们不像求异心理较重的人那样喜欢与众不同，也不像求同心理的人对流行抱以消极追随态度，而是对美好新鲜的事物有极其敏感的嗅觉，对时尚的服装造型、色彩、面料能迅速地接受。

无论是求异求同的心理，还是爱美求新的心理，往往同时存在于人们的心中，只是因存在比重不同，导致对流行的态度不同。

3. 模仿心理

模仿是人类的重要心理现象，亚里士多德曾指出：模仿是人的一种自然倾向，人之所以异于禽兽，就是因为善于模仿，人们最初的知识就是从模仿中得来的。

严格来讲，模仿是服装流行和审美过程中重要的传播手段，正是因为有了模仿，流行才得以成为一种普遍的社会现象。新鲜美好的事物往往容易打动人们的心，时尚的服饰装扮成为人们竞相追逐的风向标。人们就是通过对流行时尚的模仿来获得追随的权利，以此来寻求一种心理上的平衡。

对于模仿，存在着两种表现形式：一种是盲目模仿；另一种是选择性模仿。前者是指总是一味地照搬原样，不论此种流行现象是否适合自己，都毫无原则地套用在自己身上，结果往往会适得其反。后者则是在模仿之前就认真研究流行的外在造型特征、内在特质，选择性地进行模仿，甚至在此基础上进行创新，以获得更适合自己的形象，这种模仿既有最初流行的整体特性，又具有其自身的个性风格。因此，模仿心理的存在，刺激和促进了服装流行的传播与普及。

第二节 ● 服装流行的规律

服装的流行不是凭空产生的，更不是任何人或团体规制而成的。服装的流行具有周期性、规律性。

一、螺旋式上升的规律

服装的流行仿佛是一个弹簧，呈现出螺旋式上升的规律。当服装流行过一个周期后，就会向过去某一时期的流行现象回归，却又不是完全意义上的回归。因为受到经济、政治、文化等的影响，相对于这一时期的流行而言，在保持其整体风格回归的同时，会在款式、面料、色彩等方面有所提升，以使其更符合现代人的审美眼光。

以20世纪服装的流行变化为例。20年代，受超现实主义艺术风格的影响，人们追求"精神的自动性"，提倡不接受任何逻辑的束缚，非自然合理的存在，梦境与现实的混乱，甚至是一种矛盾冲突的组合。这个时期女性留着齐耳的短发，穿着短裙，直身造型，中性化色彩浓厚。30年代，"电影的黄金时代"使世界各国的人们从电影世界中得到了灵感，寻求装扮的奥妙，女星们光艳照人的强烈的女性味穿着成为人们纷纷效仿的对象。女性们开始回归到自己特有的柔情魅力上，裙长下落，曲线造型，修长适体。40年代，战争带来了不安情绪，女性们不得不承担大量与战争相关的工作，裙长又一次变短，中性化的服装又一次回到了女性身上。50年代，是一个高级服装鼎盛的时代，Dior带给女性的"New Look"让女性又一次意识到自身的本性之美，裙长下落，合适的肩线造型，收紧的腰部，蓬松的下摆，完美地再现了女性的曲线魅力。60年代，强调"理性、冷峻、简约"的极限主义艺术风格出现，服装的设计理念又一次朝着简单的方向回归，尤其是这一时期出现的"青少年风暴"带来的平民文化冲击了高级时装业，朋克式的叛逆使中性化又一次回归。玛丽·匡特的迷你裙使裙短到了极致，受到了当时推崇时尚、反抗传统的年轻人的欢迎。70年代，"石油危机"引起了人们对中东地区的关注，民族风格流行，女性裙长又一次落地。80年代中后期，全球经济处于高速发展的时期，职业妇女逐渐在各个领域都取得了一定的成绩和地位，强调肩部挺括造型的西服式套装、中性的夹克、长而宽松的上衣、超短的裙式成为主流，女性们的形象干练而洒脱。90年代初中期，女性们厌倦了宽松粗大的线条，开始怀念女性味的服装，于是合体适身的服装又一次回到了女性的生活中，长及脚踝的摆裙显示了女性的回归情怀。21世纪初，宽松的80年代风格、叛逆不受羁绊的60年代风格又一次出现（见图9-4）。

　　女性们的装扮随着时代的变迁，不断地更迭着，或女性味浓厚，或追求偏向于潇洒的中

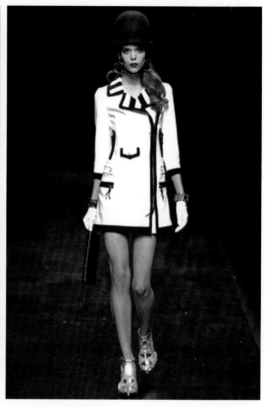

▲　图9-4　20世纪60年代风格的回归

性风格，每隔20年左右，就会有一次回旋，但又不是完全意义上的重复，因为受到了当前时代社会、文化、艺术、思潮等的影响，因而带有一定的时代特色。这种周期性的回归就如一个弹簧，盘旋上升，正如日本学者内山生研究所发现的那样，裙子的长短周期是24年。

二、极限回归的规律

　　服装仿佛是一个生命体，它总是拼命地向着一个方向毫无节制地发展，当发展到一定的极限，人们无力承负时，就会向着相反的方向回归。当"大"是一种流行特色时，就会越来越大；当"长"是一种特色时，就会越来越长。直到这种特色成为一种负担时，这种流行就会被抛弃，相反的流行就会开始，但很快，极限回归，过去的流行特色又被重新拾回。服装流行就是依着这样的规律在不断地轮回着。

　　洛可可时期女装装束极为繁复，女性们好像始终觉得还不够过瘾，于是向着这个方向无限发展，直到复杂的装束使得身体无以负荷，最终给人们的生活造成了太大不便，于是新古典主义的薄而透的轻便女装解放了女性的身体（见图9-5）。所谓"繁必简、长必短、宽必窄、方必圆、艳必素"，正是这种极致回归的规律的体现。人们的这种物极必反的心理状态推动着服装的流行不断发展。

　　随着时代的发展、资讯的发达，流行在全世界蔓延，周期越来越短，速度越来越快，令

▲　图9-5　新古典主义女装

人目不暇接。21世纪，服装流行呈现多元化趋势，一方面为追求时尚的群体提供了更多展示自我的可能；另一方面也使人们对流行的理解和把握变得更加困难。个性化成为设计师与消费者共同追求的目标。因此，在瞬息万变的时代中，唯有把握好服装流行的规律，才能设计出符合时代精神的服装，赢得消费者的青睐。

第三节 ● 服装流行的传播媒介

　　服装的流行是一种社会现象，具有广泛性与普遍性，当一种服装流行现象出现时，往往需要一定的媒介将其传播开来。服装流行的传播媒介主要有以下几种。

一、发布会及各种展示

1. 服装发布会

服装发布会是服装流行传播最为直接的方式，它通过直观的展示指导消费者对新一季的流行现象更为清晰、明了、准确，并通过这种方式，使消费者的审美情趣与流行时尚产生碰撞，达到共鸣的效果，以此推进服装流行的传播。

服装发布会具有流行的导向作用，世界著名的时装之都巴黎、米兰、纽约、伦敦、东京在每年的1月和7月都会举行高级时装发布会。每年的这两个月，世界各地的著名设计师云集于此推出自己的新作，设计师们的新作具有极强的流行导向性。另外，每年2月和9月的高级成衣发布会又将这些设计师的原创作品成衣化，进入营销渠道。新一季的流行色、独特的面料质感，配合时尚的款式风格，流行在全世界范围迅速扩散蔓延。

每年的高级时装、高级成衣发布会可以说是时装界的盛会，吸引了全世界的媒体（包括电视、报刊、网络）、服装记者、成衣商以及演艺界明星，媒体的宣传、演艺界明星的示范作用、成衣商对流行的再宣传，都对流行的传播起到了积极的推动作用。

正在建设时装之都的北京，每年3月和11月举行的国际时装周，吸引了国内外众多品牌的参与，其影响力越来越大。此外，上海、深圳等城市每年也定期举办时装周，发布流行信息。关注流行、关注时尚已经成为国人的重要生活内容。

2. 各种展示

除了服装发布会之外，与服装相关的各种展示活动，对服装的流行也起到了积极的传播作用。例如以推销、促销新产品为目的的成衣博览会、订货会、交易会等，又如表现设计创意、展示服装特色的服装表演，具有强大的市场导向作用，刺激了消费者对新流行趋势的感悟，也引发了消费者的购买欲望。

权威机构的发布、著名企业的参与、各种时尚展示活动，不仅仅让消费者通过唯美的视觉盛宴领略了衣着消费的时代方向，也让服装企业有了一套可供参考的市场预测依据。

二、媒体传播

现代社会进入了一个信息时代，资讯的发达给人们的生活带来了日新月异的变化，时尚成为人们生活中不可或缺的一部分。人们热衷于对时尚的追随，网络、影视、报纸、杂志等各种媒体成为流行时尚传播的最佳渠道。媒体传播既是服装流行的重要手段，又对流行起到了重要的推动作用。例如所谓Fashion Resource指的就是服装流行信息，它包括流行趋势的预测、流行信息的发布及设计师手稿等，这种具有流行导向作用的服装资讯，成为业内人士及消费者了解流行趋势，把握时尚脉搏的重要途径。

1. 平面传媒

（1）时尚期刊　时尚期刊是现代人时尚生活的重要内容，多分为两种：一种专业性较强，倾向于对流行现象的剖析、对时尚人物的介绍、发表专业性论文等；另一种是休闲性较强的服饰生活刊物，多介绍一些流行信息、服饰搭配、形象塑造等内容。

作为一种全球性的文化现象，服装的流行早已不再局限于地域性的自我延伸，服装流行资讯就是借助这些时尚期刊将各种流行信息在短时间内迅速地传向世界的各个角落。目前仅专业性的时尚期刊就有几十种，如GAP COLLECTIONS WOMEN、GAP PRESS、THE BODY（流行内衣）等。各种大众性的时尚期刊更是层出不穷，如美国的"VOGUE"、法国的"ELLE"、日本的"装苑"，仅"VOGUE"就有美国、英国、法国、意大利、德国、西班牙、澳大利亚、巴西、墨西哥、新加坡、中国等十多个版本，是世界上发行量最大的时尚期刊（见图9-6）。这些时尚期刊以其时尚性、娱乐性、时效性吸引了众多的读者，尤其以年轻人居多。可以说，时尚期刊是当今时代流行资讯传播的重要媒介之一。

▲ 图9-6 时尚期刊

（2）专业流行资讯MOOK 什么是"MOOK"？ MOOK主要是指专业流行趋势研究机构发布的流行趋势报告，以及各设计工作室设计新作或设计师作品手稿，再就是由相关的图片公司、时尚媒体或个人整理的发布会图片集。陈逸飞先生称其为"magazinebook"，即杂志与书的组合。究其原因是MOOK既具有杂志的时效性与连贯性，又具有图书的知识性，常用一个或几个主题来贯穿全书，缺少杂志丰富的版块设置和娱乐性，但其所传递的流行资讯具有无形的价值，因此具有较高的市场定价。如一本国际著名品牌的设计工作室的设计手稿定价为6000～9000元，若是配以面料小样或设计实物小样，定价则在万元。

2. 声像传媒

（1）网络 现代社会是一个网络信息时代和多媒体时代，网络以其特有的图、文、音、像、动画、视频等表现手段，几乎是在同一时间内将最新锐、最前卫的流行资讯向全世界扩散，可以说是真正意义上的全球性的信息传播。目前专业的服装流行资讯网站非常多，发布最新的流行趋势，介绍顶级的时装品牌、时尚名品，剖析流行现象，信息量巨大，越来越多的时尚人士热衷于从网络中获取流行信息。

知识窗

国际上较有影响的专业流行资讯期刊

期刊名称	专业分类
CAWAII, MINI, CUTIE, HAPPIE	日本街头少女装
SPOSA BELLA, BOOK MODA, MODERN BRIDE	婚纱装
ECOLE, KIKI 20ANS, 25'S SURE, CINDY THE PERKY	韩国休闲时装
GAP COLLECTIONS WOMEN, GAP PRESS, FASHION SHOW	女装发布会时装秀
COOL, SMART, STREET JACK, GET ON	日本街头男装
GAP MEN's COLLECTIONS, BOOK MODA UOMO, VOGUE UOMO	男装发布会时装秀
0/3BABY COLLEZIONI, COLLEZIONI BAMBINI, NINSMODA	婴儿装、童装
SPORT SCHECK, SPORT SCHUSTER, COLLEZIONI SPORT&STREET	运动装
MAGLIERIA ITALIANA, MAILLE MAILLE, MODA LINEA MAGLIA	针织类
LINEA INTIMA ITALIA, INTLMO PIU'MARE, DIVA, THE BODY	流行内衣
FUR, APREL, LA PIEL, MODA PELLE LEATHER GARMENTS	皮革、皮草
CADENA, OTTO-APART, KLINGEL, WENZ	高雅淑女服饰

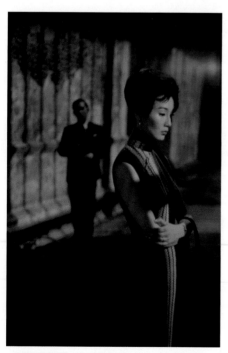

▲ 图9-7 《花样年华》中的旗袍

（2）影视 影视作为一门现代艺术形式，具有得天独厚的科技优势，集戏剧、文学、舞蹈、音乐等多种艺术元素于一体。影视艺术拥有最广泛的爱好者，兼有审美性和娱乐性。影视艺术对服装信息的传播也更为广泛，它虽不像专业的服装资讯媒介那样直接明确，对于人们时尚生活的影响悄无声息，但更贴近于人们的生活，对大众的影响也更为深刻。观众在感受剧情的同时，剧中人物的形象便不自觉地扎根于心中。比如，二十世纪八九十年代的港台剧，曾经热播的韩剧、美剧等，随着每部优秀影视剧作品的热播，剧中人物的穿着打扮都会被年轻人竞相模仿，成为一种新的潮流（见图9-7）。

三、公众人物的引导

模仿是人的重要心理特征，人们对公众人物模仿是不遗余力的，公众人物以其所扮演的社会角色，对普通大众具有极强的影响力，这种影响力从心理的喜爱和崇拜，转化为行为举止和外在形象的模仿。这些公众人物的装扮成为流行的风向标、时尚的源头，人们在竞相模仿他们的发型、穿戴的同时，也推动了这种流行的传播。

1. 演艺界明星

当今时代是一个明星时代，年轻人对明星的追捧到了近乎疯狂的地步，偶像的力量是无穷的。站在潮流尖端的演艺界明星们不断地诠释着新的流行时尚，用他们独特的明星气质和时尚魅力引导着人们对新流行的不断追随。

20世纪50年代，一部《罗马假日》使奥黛丽·赫本成为令人瞩目的明星，尤其是她所塑造的天真烂漫的公主形象深入人心，而影片《龙凤配》真正使赫本成为时尚人物。赫本从影三十多年，塑造了众多的银幕形象，其间赫本的服装一直是由法国著名的时装设计师纪梵希为其设计，不同风格的服装与各种角色融为一体，成就了赫本经典的银幕形象。不仅如此，赫本的日常装、社交装也是由纪梵希设计的。奥黛丽·赫本的形象成为一种经典，人们着迷于赫本的超凡脱俗、高贵典雅，她的船形领套装、卡普里长裤、黑色洋装、俏丽七分裤、黑色高领毛衣，甚至于平底芭蕾舞鞋、低跟鞋、夸张的太阳镜都引导了当时的潮流，人们竞相模仿她的穿着打扮。"她在个人的穿着上，穿出了优雅、时尚与简约。她独树一帜地创造了属于自己个人特色的赫本风格。"纪梵希这样评价赫本。的确，奥黛丽·赫本清新雅致的形象装扮成为一个时代的流行坐标，甚至一直影响到现在的时尚界（见图9-8）。20世纪70年代，约翰·屈伏塔在《周末狂热》中的形象是大喇叭的裤子，白西装里翻出黑衬衫的领子，配合70年代的迪斯科音乐扭动身躯。自此，神气十足、摇摇摆摆的喇叭裤就成为当时世界上最为摩登的时尚（见图9-9）。此外，像国内的一些影视歌明星作为公众人物，其时尚的穿着打扮成为年轻女孩追随效仿的时尚。

▲ 图9-8　奥黛丽·赫本经典形象

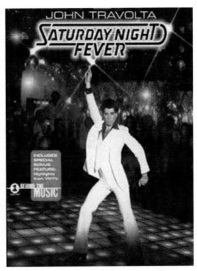

▲ 图9-9　约翰·屈伏塔

每一次演艺界的明星聚会、颁奖盛会，都是一次时尚的盛宴，明星们总是身着最为时尚的潮流服装，甚至不惜重金请著名的时装设计师为其量身定制，他们的着装总是站在时尚的前端，代表着一定的流行趋势。伴随着大众对他们的模仿，这种流行现象被广泛地传播，难怪有人说"要想了解流行信息，去看明星们怎么穿"。

2. 社会名流

1997年英国王妃黛安娜不幸在车祸中丧生，人们在缅怀她的美丽与善良的同时，不自觉地崇敬她、模仿她。她气质高雅、身姿窈窕，她的发型着装始终是时尚流行的热门话题（见图9-10）。作为社会名流，往往容易为世人所关注，由于他们所具有的特殊社会地位，他们的着装无疑是服装流行传播的重要形式之一，人们关注他们，也乐于追随他们。另外，作为社会名流，经常参与公益活动，为维护自身的社会形象，他们也格外注意让自己大方得体、优雅时尚，自然也就成为服装流行的重要传播者。

▲ 图9-10　黛安娜

四、大众传播

"消费者是上帝"，在这个追求自我和创新的时代中，这是毋庸置疑的。一种服装流行的传播离不开大众的选择。美国学者E. 斯通和J. 萨姆勒斯认为，时装不是由设计师、生产商、销售商创造的，而是由"上帝"创造的。一个设计师无论有着怎样无与伦比的才华，若是脱离了大众的喜好，那么他就只有面对被淘汰的命运了。

回顾服装发展的历史，可以看到，服装流行的支配者是不断变化的。在封建社会，服装是权力的象征。"楚王好细腰，宫中多饿死"，政治权威决定了审美标准，流行来自于对权力的向往，来自于政治的力量。18世纪后半叶，随着法国资产阶级大革命的爆发，资本主义社会的到来，服装由政治规制的特色逐渐消亡，但仍具有典型的贵族化特征。19世纪中期，高级时装出现，高级时装设计师决定着流行的方向，流行不再是上层社会的特权。进入20世纪后，人类社会发生了翻天覆地的变革，人类文明进入一个全新时期，时尚期刊、影视业、网络媒体等传媒业的发达，使服装流行的速度突飞猛进；政治、经济、科技、文化等的发展，带给人们更多惊喜，人们开始真正决定自己的生活，选择自己的流行。

今天，服装早已成为"瞬间产物"的标志，在瞬息万变的时尚里，人们结合自身气质、形体以及审美倾向等的特点与要求，对市场提供的各衣物元素作出非常个人化的判断。而设计师则要根据种种迹象谨慎地作出判断，才能最大程度地获得消费者的支持，满足大众的需求。难怪常常有人惊讶，每年的时装发布会作品虽然事先都未曾公开，但作品却总是惊人的相似。因此，那些与大众一段时期审美标准吻合的作品就会被选择，并迅速传播开。

此外，"求同"与"求异"心理也是大众传播的重要因素，对于新、美、异的追求是现代人普遍存在的心理，消费者不再满足一成不变的生活，对时尚总是会提出更高的要求。求异者的"喜新厌旧"，求同者的追随认同，促成了流行最广泛的传播。

第四节 ● 服装流行的预测

一、服装流行预测的重要性

时代发展到今天，服装的流行早已不再是某个人可以决定的，人们在感慨流行变化之快的同时，自觉或不自觉地参与到了流行的传播中来。21世纪的今天，"港台风""欧美风""哈韩族""哈日族"已是过眼烟云，人们开始注重自我需求的满足，注重个性化地表现自我，对服装的要求从理性的满足阶段跨入到感性的需求阶段。尤其是随着生活质量的日益提高，人们不断追求高品质的生活，对精神层面的需求成为生活的重要内容。作为时尚生活的重要体现，人们对服装的眼光也更加挑剔，刚穿过两个月的衣服转眼间就成了过季款式，人们的衣橱越来越大，但好像永远不能满足。而且人们也不再轻易地去模仿，他们更愿意去追求可以表现自我的东西，而服装恰恰是最好的表达方式，所以对服装的要求变得更加苛刻。昨天复古怀旧，今天回归自然，那么明天是什么呢？仿佛人们的喜好永远都那么难以琢磨。作为一名优秀的服装设计师，应该能设计出既可以体现时代风貌和民族风貌，又符合当前审美情趣的作品。而服装设计不是闭门造车，更不是冥思苦想得来的，它需要很好地把握国内外的流行信息，了解市场定位。只有知道明天消费者想要什么，深谙消费者的心理需求，才能设计出潮流时尚、为消费者所喜爱的作品，才能真正掌握时尚的脉搏，并走在时代的前沿。因此，只有掌握服装流行的规律，对未来的服装流行趋势做好预测，才能设计出满足大众需求的服装。同时，通过对服装流行趋势的预测，不仅可以很好地捕捉到服装流行的方向，还可以对服装流行规律中的往复性以及对与服装相关的新技术、新思潮进行整理归纳。

服装流行预测是对未来可能出现的流行现象所进行的针对服装的造型、色彩、面料、款式细节、工艺手段等的推断，根据这种推断，指导下一步的设计工作，以最大程度地获得消费者认可，赢得市场份额。目前国际上设有诸多的专业预测机构，例如美国的ICA国际色彩权威，就是专门从事纺织品流行色预测的机构，它提前两年向公众发布色彩流行趋势；巴黎PV织物博览会、德国法兰克福衣料博览会、国际羊毛局（IWS）等，提前12～18个月推出纱线和纺织品预测；法国女装博览会及各国服装研究设计中心，则提前6～12个月推出具体的服装流行主题。目前，我国服装流行趋势研究、预测和发布起步较欧美发达国家要迟一些，但通过与国际一流的研究机构、信息机构和设计机构合作，按照国际惯例和运作方式操作，加上广大企业和设计人员的密切合作，我国服装流行趋势发布从内容到形式已可以与国际同步。

知识窗

相关流行趋势预测国际展会

1. 专业女装博览会	CPD Dusseldorf	德国杜塞尔多夫
2. 国际童装展	Pitti Bimbo	意大利佛罗伦萨
3. 国际男装展	PITTI UOMO	意大利佛罗伦萨
4. 女装男装博览会	CPD woman-man	德国杜塞尔多夫
5. 法国第一视觉面料展	Premiere Vision	法国巴黎
6. 法国国际面料展览会	Texworld	法国巴黎拉迪芳斯
7. 国际皮革展	MODA PELLE	意大利佛罗伦萨
8. 国际高科技纺织服装展	Avantex	德国法兰克福

二、预测的方法

虽然人们对服装的审美日益挑剔，服装的流行日新月异，服装的变化令人眼花缭乱，但是服装的流行并不是无规律的。只要把握好流行的规律，了解消费者的个性需求，结合时代发展的方向，关注社会热点，就可以对服装的流行趋势作出预测，指导设计工作。

1. 了解服装的变迁规律

服装的发展是循序渐进的，服装的变迁具有规律性。如前所述，20世纪，服装的流行每20年左右为变化周期呈现螺旋式上升，从服装轮廓造型来看，我们可以发现女装肩部、腰部、裙摆的变化呈现明显的规律性。不仅如此，如腰节线的高低变化，袖型、领型的变化也都存在着明显的规律性演变。依据这些历史资料的比较与分析，就能对服装流行的趋势作出总体性的推断与预测。只有了解服装昨天的变迁历史，掌握今天的流行现象，才能更好地预测明天的趋势。

2. 注重影响流行的各种因素

服装流行包括造型、色彩、面料、装饰和加工手段等诸多方面，服装造型、质感及色彩纹样都具有强烈的时代特征，服装的流行受到自然、社会、生理、心理等各种因素的影响。设计师应时刻注意到这些因素给服装带来的穿着风格的新倾向、造型结构的新改变、流行色彩的新格调、图案花派的新变化、面料材质的新开发等。

3. 掌握消费者的心理倾向

服装的流行是基于消费者的各种心理需求，人们对新鲜的、美的事物的追求是流行的基础，而人们的趋同心理则是流行扩大的基本要素。一种服装的长期流行必然会带来视觉疲劳，人们必然会渴望有一种新的服装的流行，这也正符合了服装极限回归的规律。另外，人们的模仿心理也是产生新流行的重要原因，当一个明星或公众人物以一种时尚的形象出现时，出于对他们的喜爱或崇敬，人们就会不自觉地追随模仿。因此，对消费者的心理需求作深入研究，分析可能对消费者心理产生影响的各种因素，可以很好地帮助我们对未来消费者的喜好作出正确判断，以预测未来的流行趋势。

4. 关注世界服装信息

服装流行预测已经成为一种规模宏大的产业化的研究，相关机构也越来越多，每年巴黎、伦敦、米兰、纽约、东京的时装周向全世界传播着重要的流行信息，国际顶级的服装设计师总能不约而同地对下一季的流行作出合理、适时的判断，发布新装。关注这些时装盛事，深入研究世界知名品牌，尝试着从世界顶级设计师作品中找到设计上的共鸣，可以说是把握流行趋势的一个重要途径。

总而言之，在瞬息万变的服装流行中，若想及时地对服装趋势作出正确的判断，服装设计者应具备对流行的敏锐观察、分析能力，探寻流行的真谛，不断努力去创新和突破，才能设计出为消费者所认可和符合时代精神的作品。

思考与练习

试结合最近的服装流行趋势，从流行发生的原因、发展、经过等几个方面入手，注意多种因素的影响，预测今后两年的流行趋势，以论文形式作出深入系统的分析。

参 考 文 献

［1］李当岐.服装学概论.北京：高等教育出版社，1998.

［2］李当岐.西洋服饰史.北京：高等教育出版社，1995.

［3］刘元风.服装设计学.北京：高等教育出版社，1997.

［4］刘元风，胡月.服装艺术设计.北京：中国纺织出版社，2006.

［5］袁仄.服装设计学.北京：中国纺织出版社，2000.

［6］刘晓刚，徐玥.时装设计艺术.上海：东华大学出版社，2005.

［7］熊晓燕，江平.服装专题设计.北京：高等教育出版社，2003.

［8］韩静，张松鹤.服装设计.长春：吉林美术出版社，2004.

［9］曾红.服装设计基础.南京：东南大学出版社，2006.

［10］吴卫刚.服装美学.2版.北京：中国纺织出版社，2004.

［11］杨树彬，于国瑞.北京：高等教育出版社，2002.

［12］赖涛，张殊琳，吴永红.服装设计基础.北京：高等教育出版社，2001.

［13］（英）理查·德索格，杰妮·阿黛尔.时装设计元素.袁燕，刘弛，译.北京：中国纺
织出版社，2008.

［14］杨威.服装设计教程.北京：中国纺织出版社，2007.

［15］刘小刚.品牌服装设计.上海：东华大学出版社，2007.

［16］凌雯.服装陈列教程.杭州：浙江人民美术出版社，2010.

［17］李莉婷.服装色彩设计.北京：中国纺织出版社，2004.

［18］张如画.服装色彩与构成.北京：清华大学出版社，2010.

［19］林家阳.设计色彩.北京：高等教育出版社，2005.

［20］Alison Lurie.解读服装.李长青，译.北京：中国纺织出版社，2000.

［21］杰·卡尔德林（Jay Calderin）.Form形式Fit适合Fashion时尚.周明瑞，译.济南：
山东画报出版社，2011.

［22］托比·迈德斯.时装·品牌·设计师.杜冰冰，译.北京：中国纺织出版社，2010.

［23］西蒙·希费瑞特.时装设计元素：调研与设计.袁燕，肖红，译.北京：中国纺织出
版社，2009.

［24］张玲.服装设计：美国课堂教学实录.北京：中国纺织出版社，2011.

［25］梁明玉.服装设计从创意到成衣.北京：中国纺织出版社，2018.